I0033046

Hermann Lüer

Technik der Bronzeplastik

Hermann Lüer

Technik der Bronzeplastik

ISBN/EAN: 9783337360108

Hergestellt in Europa, USA, Kanada, Australien, Japan

Cover: Foto ©berggeist007 / pixelio.de

Weitere Bücher finden Sie auf **www.hansebooks.com**

MONOGRAPHIEN DES
KUNSTGEWERBES

HERAUSGEGEBEN VON

JEAN LOUIS SPONSEL

IV.

TECHNIK DER BRONZEPLASTIK

VON

HERMANN LÜER

MIT 144 ABBILDUNGEN
DRITTES TAUSEND

VERLAG VON HERMANN SEEMANN NACHFOLGER IN
LEIPZIG
Alle Rechte vom Verleger vorbehalten.
Gedruckt bei E. Haberland in Leipzig-R.

3

Einführung.

Auch bei den grössten Erzgusswerken fragt heute niemand mehr darnach, wer es verstand, den in leicht vergänglichen Stoffen ausgeführten Modellen im widerspenstigen Metalle ewige Dauer und damit erst den rechten Wert zu verleihen. Nur des Meisters Namen kennt man, der im bildsamen Thon oder Wachs das Vorbild schuf.

Die öffentliche Meinung hat sich in diesem Punkte sehr geändert. Noch im Jahre 1766 schrieb man die folgenden bezeichnenden Worte[1]: "Das Modell wird bloss von Wachs poussiret, und obwohl es an sich künstlich seyn kan, so gehöret es doch für den Bildhauer, davon jeder im stande ist, eines zu machen, nicht aber für den Giesser, davon sich nicht ein jeder, am wenigsten in Frankreich, an ein Riesenmässiges Bild wagen wird."

Diese Aeusserung ist weder richtig, soweit sie Frankreich anbetrifft, noch zeugt sie von hohem künstlerischen Sinne, doch als ein Dokument für die Anschauungsweise jener Zeit ist sie von hoher Bedeutung. Wir können es kaum verstehen, wie es möglich war, dass der Name des Bildhauers, der das Modell schuf zu dem gewaltigen Reiterbild des Grossen Kurfürsten in Berlin, lange Zeit vergessen war, während der Name des Giessmeisters, dem es gelungen war, das Denkmal in Erz zu giessen, in aller Munde war. Wir begreifen es nicht, wie man den grossen Bildner fast leer ausgehen, dem Erzgiesser goldene Ehrenketten verleihen und sein Bild von Staats wegen in Kupfer stechen lassen konnte.

Schwer mag es sein, in solchen Fragen völlig gerecht zu urteilen, unser freier Blick ist gar zu leicht beengt; über die Schranken, die uns unsere Zeit gezogen, vermögen wir nicht hinwegzusehen. Doch solche Erfahrungen geben zu denken; auch das völlige Nichtbeachten eines hervorragenden handwerklichen Könnens ist ungerechtfertigt. Die schwierigsten technischen Aufgaben werden heute spielend gelöst, man würdigt sie nicht mehr. Wir leiden unter einem Specialistentum, und mehr als ein enges uns zugewiesenes Gebiet des Könnens und Wissens vermögen wir kaum noch zu begreifen und zu beurteilen. Noch vor wenigen Jahrhunderten war das anders, gerade auch auf dem Gebiete der Kunst; der Künstler war in höherem Masse wie heutzutage auch Handwerker und der Handwerker mehr Künstler. Und für das Gebiet der hier zu betrachtenden Metallplastik lässt sich zum wenigsten bis ins 17. Jahrhundert nachweisen, dass zumeist die erfindenden Meister auch die Ausführung ihrer Werke in Bronzeguss technisch leiteten. Ein ungerecht einseitiges Urteil über solche Schöpfungen war schon aus dem Grunde in früheren Jahrhunderten kaum möglich.

Um der altehrwürdigen Kunstgiesserei wieder zu dem Ansehen zu verhelfen, das ihr zweifellos gebührt, möge sie in ihrer technischen Entwicklung, so weit sie zurückzuverfolgen ist, mit bevorzugter Berücksichtigung der letzten Jahrhunderte, ein wenig eingehender behandelt werden.

Nur wie bei der Herstellung der bedeutsamsten, d. h. besonders bei den durch ihre Grösse und die Art ihrer Aufstellung bekanntesten Werken in den verschiedenen Zeiten verfahren wurde, soll in der vorliegenden Schrift zu zeigen versucht werden. Das fast ausschliesslich zu berücksichtigende Metall sollen das Kupfer und seine als Erz oder Bronze bezeichneten Mischungen sein.

Die Eigenschaft der Metalle, in giessbar flüssigem Zustande in Formen gefüllt werden zu können, und in deren Höhlungen zu erstarren, ist für die Plastik von weit

6

grösserer Wichtigkeit als die Dehnbarkeit, die es erlaubt, auch mittels Hämmer und anderer Werkzeuge das Metall in kaltem Zustande in gewünschte Formen zu bringen. Die Formung durch den Guss wird den weitesten Raum in dieser Schrift einnehmen müssen.

Ohne Zusatz anderer Metalle, unlegiert, ist das Kupfer zum Giessen wenig brauchbar, in um so höherem Masse aber geeignet, durch Hämmer bearbeitet zu werden. Vorzüglich giessbar wird das Kupfer dann, wenn man es mischt mit Zinn, Zink, Blei und anderen, bisweilen in geringeren Mengen beigefügten Metallen. Die Mischungsverhältnisse bei der Bronze für den Bildguss waren zu allen Zeiten sehr schwankend. Die antiken Bronzen enthalten Zink fast gar nicht, durchgehends aber einen starken Zinnzusatz und nicht selten grössere Beimengungen von Blei. Die Bronzen der neueren Zeit enthalten sehr wenig Blei, bisweilen auch wenig Zinn, dagegen ist der Zinkgehalt oft sehr hoch.

Der Guss einfachster und kleiner Gegenstände erfordert nur geringe Vorbereitungen: einen einfachen Ofen, ein Schmelzgefäss und die Form. Am meisten von Interesse ist die Form.

Die einfachste Form für einen massiven Gegenstand erhält man, wenn man eine Vertiefung in der Gestalt des gewünschten Gussstückes in einen festen feuerbeständigen Stoff, z. B. in Stein gräbt. Wenn das Gussstück nicht auf der einen Seite eben ist, muss die Form aus zwei Teilen bestehen, die genau auf einander passen, und die beiderseitigen Erhöhungen des Gussstückes in zweckmässiger Verteilung vertieft enthalten. Durch eine Oeffnung kann dann das flüssige Metall eingefüllt werden.

Müheloser herstellbar ist eine Form in Sand. In geeignetem, nicht zu lockeren Sande kann die Form durch

Abdruck eines vorhandenen Modelles gewonnen werden. Um einen scharfen Abdruck zu erhalten, muss der Sand zunächst festgestampft werden; man füllt ihn deshalb z. B. in einen Kasten. Einerseits ebene Gussstücke können dann ohne weiteres in der im Sande eingedrückten offenen Vertiefung gegossen werden (sogenannter Herdguss). Bei jedem nicht einerseits flachen Gegenstande muss eine Teilform hergestellt werden. Soll z. B. eine Kugel gegossen werden, dann drückt man das Modell zunächst zur Hälfte in den Sand des Formkastens ein, setzt dann einen gleichen oben offenen Formkasten (Rahmen) darüber, der mittels Zapfen oder dergleichen seine Lage behält, füllt auch ihn mit Sand und stampft diesen über dem oberen Teile des Modells fest. Da man vorher die Oberfläche des Sandes im unteren Kasten mit Holzkohlenstaub eingepudert hatte, kann man nun den oberen Kasten mitsamt dem Sande, der sich darin hält, abheben. Dann kann man das Modell entfernen und von der Formhöhlung aus in dem Sande eine Rinne zu einem Einschnitte in der Kastenwandung ausheben. Nachdem man darauf die beiden Kästen wieder aufeinandergelegt und sie durch irgendwelche Vorkehrungen fest aneinander gepresst hat, kann man das Metall hineingiessen.

Schon aus Ersparnisrücksichten ist es aber im allgemeinen geboten, die Gussstücke hohl herzustellen, zu dem Zwecke bringt man in die Hohlform einen "Kern". Dieser Kern muss die Form des Modells haben, aber um so viel kleiner als dieses sein, wie die gewünschte Metallstärke betragen soll. Der Kern muss unverrückbar in der Form befestigt werden, man kann z. B. Metallstäbchen hindurchschieben, die zwischen den Teilflächen der Form gehalten werden. Der Kern wird dann von dem Metall umschlossen, nötigenfalls kann er durch ein später in die Metallwandung gebohrtes Loch herausgekratzt werden.

Der Formkasten kann erspart werden, wenn statt des Sandes Lehm verwendet wird, der im Feuer hart zu brennen ist. Man verfährt im übrigen ähnlich wie vorher. Das Modell wird zuerst auf der einen Seite mit Lehm umkleidet, und dieser Formteil getrocknet, dann wird mit der anderen Seite gleichartig verfahren. Wenn die Formhälften gut aufeinander gepasst und mit Lagemarken versehen sind, die ein richtiges Zusammensetzen ermöglichen, werden, nachdem das Modell herausgenommen ist, beide Teile gebrannt. Durch eine vorher eingeschnittene Rinne kann das Metall eingefüllt werden. Der Kern für einen Hohlguss kann in derselben Weise wie vorher hergestellt werden.

Schliesslich ist noch ein Formverfahren dem Princip nach hier zu besprechen, das in der Geschichte des Kunstgusses die bei weitem wichtigste Stellung einnimmt, das sogenannte Wachsausschmelzverfahren.

Eine ganz beliebig geformte Wachsmasse kann mit Lehm umgeben werden, in dem eine Oeffnung hergestellt ist. Wird dann diese, das Wachs einschliessende Lehmmasse getrocknet und weiter erwärmt, so wird das Wachs aus der Oeffnung ausfliessen und ein Hohlraum entstehen, der genau die Form der Wachsmasse aufweist. In die so hergestellte, schliesslich noch hart gebrannte Form kann flüssiges Metall gegossen werden. Wird nach dem Erkalten des Metalles der Lehmmantel zerschlagen, dann erhält man einen Metallkörper genau von der Form, die vorher das Wachs zeigte.

Dieses mannigfach zu variierende Princip: beliebig geformte, durch Guss herzustellende Metallgegenstände in Wachs vorzubilden und eine völlig geschlossene, d. h. ungeteilte, nahtlose Form darüber zu nehmen, hat man bereits vor Jahrtausenden zu benutzen gewusst.

Wie die hier aufgeführten Formverfahren bei bestimmten

künstlerischen Aufgaben in verschiedenen Zeiten angewendet sind und welche Vorkehrungen bei grossen und kompliciert gestalteten Modellen getroffen worden sind, wird später eingehend zu erörtern sein.

Weit weniger umständliche Vorbereitungen erfordert die Formung der Metalle auf kaltem Wege durch "Treiben". Die Bronze kommt dafür nicht in Frage, sie ist zu spröde; in erster Linie ist das Kupfer und zwar in möglichster Reinheit, daneben auch Gold und Silber von Wichtigkeit.

Die Treibtechnik beruht darauf, dass eine Metallplatte sich an Stellen, die durch Hämmer oder andere Werkzeuge verdünnt worden sind, aufbeult, weil eben jede Verdünnung eine Ausdehnung zur Folge hat. Durch geeignete Anwendung der Werkzeuge können nun diese Beulen in eine gewünschte Richtung geleitet und durch geringere oder stärkere Bearbeitung in der nötigen Höhe oder Tiefe nach aussen oder innen getrieben werden. Ueber Einzelheiten wird später zu reden sein.

Die wichtigsten Werkzeuge bei der Treibarbeit sind Hämmer aus Holz und Metall mit ebenen und runden Flächen in verschiedenen Grössen. Da das Metall durch die Bearbeitung dicht und spröde wird, ist ein Ofen notwendig, in dem nach Bedarf die Arbeitsstücke ausgeglüht werden, wodurch das Metall wieder die nötige Dehnbarkeit erhält. Zur letzten Durcharbeitung werden kleine Meissel in den verschiedensten Formen — die Punzen — verwendet.

Schliesslich wird auch die Herstellung metallplastischer Werke auf galvanischem Wege kurz zu besprechen sein. Die notwendigen technischen Angaben darüber finden sich am Schlusse des Bandes.

Fußnote:

[1] Schaupl. der Natur. Frankf. u. Leipzig 1766, Bd. VII.

I. Die Giesserwerkstatt.

Ehe die verschiedenen Formungsverfahren in ihrer Entwicklung und Anwendung genauer betrachtet werden, soll über die zu allen Zeiten nur wenig veränderten wichtigsten Einrichtungen der Giessereiwerkstätten und diejenigen Arbeiten kurz voraus berichtet werden, die die Metallplastiker neben der Herstellung der Formen vor allem beschäftigt haben.

Das wichtigste Ausstattungsstück einer Giesserei ist der Schmelzofen.

Die Einrichtung dieses Ofens hängt besonders ab von der Grösse der Werke, die gegossen werden sollen. Man unterscheidet Tiegelöfen und Flammöfen. Dem Princip nach die älteren sind gewiss die ersteren, doch dürften auch die Flammöfen seit Jahrtausenden bekannt und bei umfangreichen Werken verwendet worden sein.

Der Tiegelofen (Abb. 1) ist ein aus feuerfesten Steinen aufgemauerter Schacht von quadratischem oder rundem Querschnitt, der in gewisser Höhe durch einen Rost in einen oberen Raum für den Tiegel und die Feuerung und in einen unteren Raum für die durchfallende Asche geteilt wird. Der Feuerraum ist oben durch einen Kanal mit der Esse verbunden und durch einen abhebbaren Deckel verschlossen. Der Deckel wird entfernt, wenn Feuerungsmaterial nachgefüllt werden muss, eine verschliessbare Oeffnung in der Mitte des Deckels gestattet die Beobachtung des in dem Tiegel befindlichen Metalles, des Schmelzgutes. Der untere Raum gestattet durch eine weite Oeffnung das Einströmen der Luft und die Entfernung der Asche.

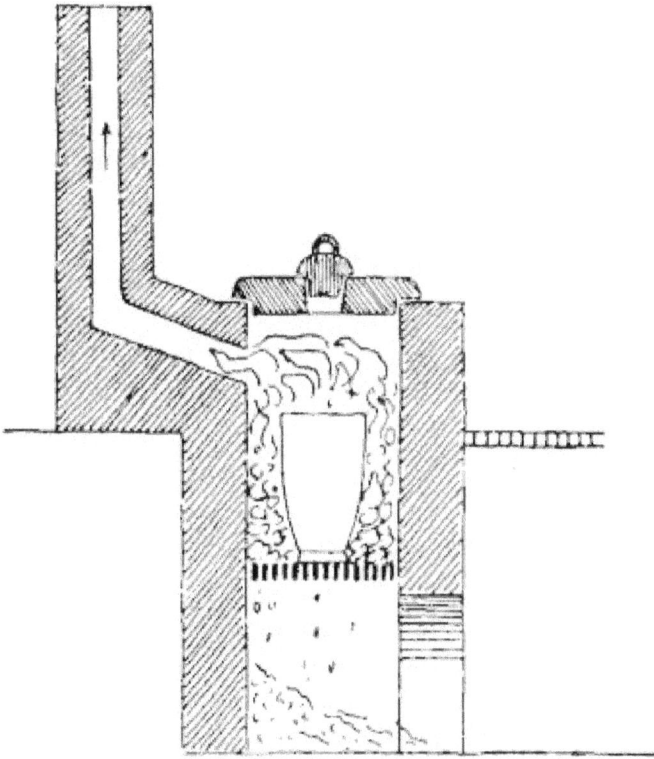

Abb. 1. Tiegelofen.

Wenn das Metall im Tiegel geschmolzen ist, wird dieser mit Hilfe einer geeigneten, ihn rings umfassenden Zange herausgehoben und das flüssige Metall in die bereit stehende Form gefüllt.

Bei den Flammöfen werden Tiegel nicht verwendet. Die Flammöfen bestehen im wesentlichen aus dem Feuerraum mit dem Aschenfall darunter und dem Herde, der unmittelbar für die Aufnahme des zu schmelzenden Metalles eingerichtet ist. In der Abbildung 2 ist a der Feuerraum, er ist durch einen Rost von dem Aschenfall c getrennt, und nach oben hin mit einer verschliessbaren Oeffnung d versehen, durch die die Beaufsichtigung des Feuers erfolgen und neues Feuerungsmaterial zugeführt werden kann. Die Sohle des Schmelzherdes b von kreisrunder Grundfläche, ist geneigt und an der tiefsten Stelle mit einer nach aussen führenden kleinen Oeffnung, dem Stichloch g, versehen, das durch einen Lehmstöpsel zu verschliessen ist. An der Seitenwandung befindet sich eine Thür e, durch die das Metall in den Herdraum gebracht werden kann. Kleinere seitliche Oeffnungen, die Pfeifen f, f führen die Feuergase ins Freie. Herd und Feuerraum stehen durch das Flammloch, den Schwalch, in Verbindung. Nachdem der Ofen nun angewärmt und das Metall eingeführt und in der Nähe des Flammloches aufgehäuft ist, wird es durch die unmittelbare Berührung der durch das Flammloch einströmenden Heizgase verflüssigt. Die Pfeifen sind durch Schieber verschliessbar und je nach Bedarf können die Gase mehr nach der einen oder anderen Seite gelenkt werden. Der Abgang des Metalles durch Oxydation ist bei dieser Schmelzung sehr bedeutend, insbesondere bei den Zusatzmetallen Zinn, Zink und Blei, die deshalb erst in den Ofen gebracht werden, nachdem das Kupfer bereits geschmolzen ist. Das flüssige Metall sammelt sich an der tiefsten Stelle des Herdes am Stichloch. Sobald mit Hilfe einer eisernen Stange aus diesem der Lehmstöpsel entfernt ist, wird das Metall ausströmen, und kann in einer Rinne in die bereit stehende Form gelenkt werden.

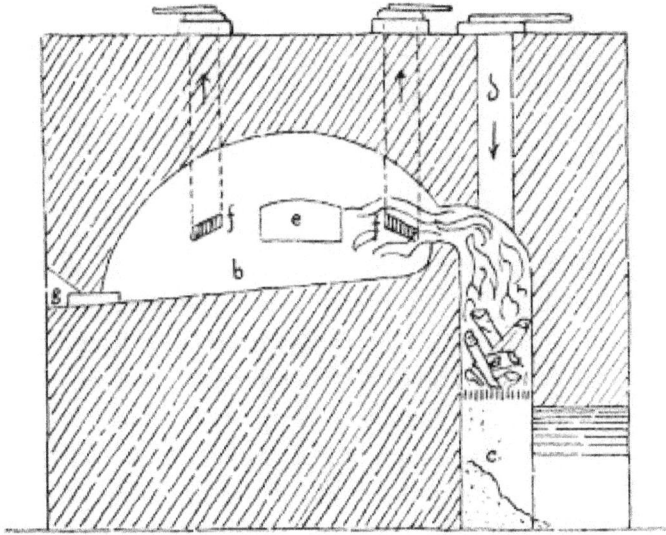

Abb. 2. Flammofen.

Sind nun, wie sich später zeigen wird, Nachrichten über die Formverfahren der Vergangenheit, abgesehen etwa von den letzten Jahrhunderten, nur spärlich erhalten, so lassen uns die Schriftsteller über die Einrichtung der Oefen fast ganz im Stich.

Ueber die Schmelzöfen des Altertums geben schriftliche Quellen keine Auskunft, und die erhaltenen vereinfachten bildlichen Darstellungen lassen die innere Einrichtung auch nicht erkennen. Man darf, wie schon gesagt wurde, annehmen, dass man sich bereits seit Jahrtausenden der Flammöfen bedient hat, denn selbst wenn man die grossartigen Gusswerke, von denen uns die Litteratur des Altertums berichtet, in vielen Teilen hergestellt hat, werden Tiegel kaum ausgereicht haben, um die Menge des Schmelzgutes gleichzeitig zu verflüssigen. Auch über die Art der Oefen, die bei den gewaltigen niederdeutschen Gusswerken des Mittelalters Verwendung gefunden haben, erhalten wir die erwünschte Auskunft nicht. Wir sind jedoch in dem glücklichen Besitze eines Kunstbuches, von dem jetzt mit Sicherheit feststehen dürfte, dass es zum mindesten nicht lange nach dem Tode des grossen Künstler-Bischofs Bernward von Hildesheim niedergeschrieben wurde; in diesem finden wir den besten Aufschluss über das kunsttechnische Können der Zeit um 1100.

Die "Schedula diversarum artium", als deren Verfasser sich der Presbyter Theophilus unterzeichnet, ist auch für die Form- und Giessverfahren des deutschen Mittelalters das unschätzbarste Dokument, das wir besitzen. Allein, ob die Gusswerke, über deren Herstellung sich jener deutsche Mönch aufs eingehendste auslässt, nur gedacht waren für bescheidenere Anforderungen, ob er es bei der Beschreibung des Glockengusses nicht für notwendig erachtete, auch davon zu sprechen, wie man das Metall für eine über das gewöhnliche Mass hinausgehende Glocke schmelzen sollte, er giebt uns nur Auskunft über die Verflüssigung der "Glockenspeise" in Tiegeln. Der Tiegelofen des Theophilus weicht wesentlich von dem oben beschriebenen ab; die Erhitzung des Metalles erfolgt von oben nach unten, und nicht durch die Tiegelwandung. Die Oefen des Theophilus nehmen eine Mittelstellung zwischen Tiegel- und Flammöfen ein. Theophilus sagt[2]: "... nimm einen eisernen Topf mit rundem Boden, bloss zu diesem Behufe eingerichtet, welcher beiderseits zwei eiserne Henkel habe, oder wenn es eine sehr grosse Glocke wird, zwei oder drei und beschmiere dieselben innen und aussen mit tüchtig gemahlenem Thon ein-, zwei- und dreimal, bis er fingerdick aufgetragen sei und stelle sie auf zwei Seiten gegenüber, dass man dazwischen gehen kann. Unter dieselbe gieb gewöhnliche Erde und schlage um dieselben an zwei Orten, oder wenn nötig an dreien, kleine Pflöcke ein, woselbst die Blasebälge angesetzt werden sollen; hier ramme zwei gleich breite Pflöcke kräftig ein, lasse zwischen ihnen eine

Oeffnung dem Topfrande gegenüber, so dass der Wind durchkomme, setze in die einzelnen Löcher dünne und gebogene Eisen, so dass die Röhren der Bälge darauf fest ruhen. Dann mache mit Steinen und Thon über dem Topf rundumher einen Ofen, anderthalb Fuss hoch, und beschmiere ihn innen gleichmässig mit demselben Thon, und so bringe die brennenden Kohlen herbei. Hast du es mit jedem einzelnen Topfe so gemacht, so schaffe die Bälge samt ihren Vorrichtungen, in denen sie sicher stehen, herzu, zwei zu jeglicher Oeffnung, und zu jedem Blasebalge bestelle zwei kräftige Männer.... Nach diesem wäge alles Erz, das du besitzest, oder es seien vier Teile Kupfer und als fünfter Teil Zinn, und verteile für die einzelnen Töpfe deine Partien nach dem, was sie fassen.... Dann nimm das Kupfer ohne das Zinn und mische es, indem du reichlich Kohlen zugiebst; hast du auch reichlich glühende Kohlen beigeschafft, so mache die Blasbälge blasen, erst wenig, dann mehr und mehr. Sobald du eine grüne Flamme aufsteigen siehst, beginnt das Kupfer bereits zu schmelzen, alsbald legst du reichlich Kohlen zu." Inzwischen hat sich der Giesser, wie Theophilus angiebt, auch noch mit der Form zu schaffen zu machen, schliesslich, sagt er: "rühre das Kupfer mit einem langen und dürren Holze, und wenn du merkst, dass es gänzlich flüssig geworden, so füge das Zinn hinzu, rühre wieder fleissig, damit sie sich gut mischen; nachdem der Ofen im Umfange zerbrochen worden, stecke zwei starke und lange Hölzer in die Henkel des Topfes, rufe ernste und in dieser Kunst erfahrene Männer zur Stelle, lasse sie ihn aufheben und mit aller Vorsicht zur Form tragen, dann, nachdem die Kohlen und die Asche hinausgeschafft sind, lege ein Seihetuch auf und lasse sie langsam hineingegossen werden." Ueber manche Einzelheiten bleibt uns der kunstgeübte Mönch die Antwort schuldig, doch ist im ganzen die in Abbildung 3 gegebene Konstruktion des Ofens klar, weitere Erklärungen dürften kaum notwendig sein.

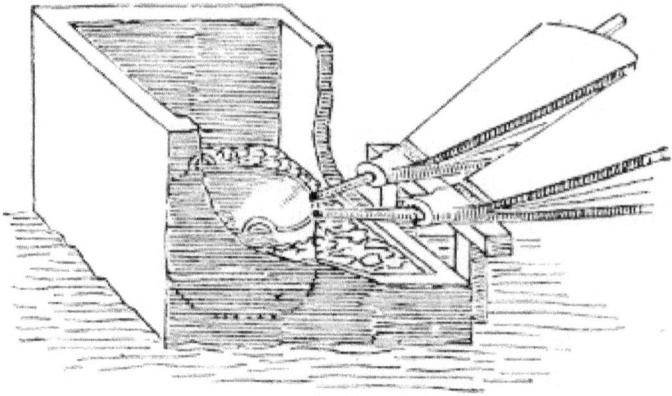

Abb. 3. Rekonstruktion vom Schmelzofen des Theophilus.

Um sich die Mühe des Tragens und vielfachen Giessens zu ersparen, empfiehlt Theophilus: "verschaffe dir einen sehr grossen Topf, welcher einen flachen Boden habe, mache ihm an der Seite in diesem Boden eine Oeffnung und bedecke ihn innen und aussen mit Thon wie oben. Ist das gethan, so stelle ihn nicht weiter von der Form als fünf Fuss auf, schlage rings Pflöcke ein und setze das Kohlenfeuer in Stand. Sobald es glüht, verstopfe das Loch mit Thon, welches gegen die Form gerichtet ist, stelle vier Hölzer auf und mache im Umkreise die Pflöcke wie oben. Wenn dann das Kupfer mit den Kohlen und dem Feuer dazu gebracht ist, so wende die drei Reihen Bälge an und lasse kräftig blasen." Dann wird die Gussrinne, in der das Metall zur Form fliessen soll, wie folgt beschrieben: "... habe ein trockenes so langes Holz, dass es von der Topföffnung bis zu der Form reiche, dessen Krümmung (Rinne) weit sei. Hast du diese auf allen Seiten mit Thon bedeckt, namentlich oben, so grabe sie ein, bis sie mit dem Erdboden gleich steht, doch beim Topfe etwas höher und gieb brennende Kohlen darauf (um vorzuwärmen, damit das Metall beim

18

Ausfliessen nicht erstarrt). Alsbald wird das Zinn zugegeben und das Kupfer, wie oben mit dem gekrümmten Eisen, welches an einem Holz stark befestigt sei, gerührt, dann öffne das Loch, und indem die Beistehenden zwei Seihetücher halten (damit nicht Asche und dergleichen mit in die Form gelangen kann), lasse fliessen."

Von einer Ummauerung dieser zweiten Ofenart spricht der Verfasser der Schedula wohl als von etwas Selbstverständlichem nicht. Die Feuerung wird offenbar auch hier auf das zu schmelzende Metall gebracht. Der Gedanke, statt der eisernen Schmelzpfanne einen gemauerten überwölbten Herd zu verwenden, ist zu naheliegend, und obschon Theophilus davon nicht spricht, möchte man doch annehmen, dass auch diese Art des Flammofens mit daranschliessendem Feuerraum im Mittelalter bekannt gewesen ist.

Ueber die Bronzeschmelzöfen des 16. Jahrhunderts sind wir sehr genau unterrichtet. Biringuccio giebt in seiner im Jahre 1540 erschienenen "Pirotechnia"[3] an der Hand zahlreicher Abbildungen eingehende Nachrichten über die verschiedensten damals gebräuchlichen Oefen und Benvenuto Cellini beschreibt in seinen 1568 erschienenen "Trattati"[4] sehr verständlich die Art der Flammöfen, deren er sich bei seinen grossen Gusswerken bediente.

Die Tiegelöfen Biringuccios gleichen im grossen und ganzen noch den von Theophilus beschriebenen, und die Flammöfen denen, die oben erläutert wurden. Nur einige die Flammöfen betreffende Punkte, die in Biringuccios Beschreibung von Interesse sind, mögen hier hervorgehoben werden. Wenn es sich um die Ausführung besonders umfangreicher Gusswerke handelt, sagt er: "es könnte sein, dass die erforderliche Metallmasse so gross wäre, dass ihr es nicht für gut halten würdet, euch einem einzigen Ofen anzuvertrauen, sondern es machen würdet, wie Leonardo da Vinci, der ausgezeichnete Bildhauer, welcher den grossen Koloss eines Pferdes, das er für den Herzog von Mailand zu machen hatte, aus drei Oefen auf einmal goss. Das Gleiche habe ich gehört von einem Glockengiesser in Flandern, welcher, als er sein Metall schmelzen wollte, dies in zwei Oefen thun musste, da es ihm mit einem das erste Mal nicht gelang. Doch kann ich nicht glauben, dass einem, der die Menge des Feuers zu der Menge des Materials richtig bemisst, im grossen wie im kleinen dies nicht gelingen sollte. Ich sage zwar nicht, dass, wenn ich so etwas zu machen hätte, ich mir anmassen würde, das zu wissen, was andere nicht wissen, aber soweit es den Feuerkanal und den Feuerraum anbelangt, so würde ich denselben so gross machen, dass ihm die Flammen nicht fehlen würden. Um es aber noch besser zu machen, würde ich deren zwei anlegen, so dass jeder für sich eine Flamme nach dem Schmelzraum bringe, in der Weise, dass sie beim Eintritte in das Innere voneinander getrennt wären, dann aber sich verbänden und eins würden. Denn ich weiss wohl, dass, wenn die Kanäle sich begegnen würden, die Flammen sich beeinträchtigen und in ihrem Laufe, um auf die Bronze zu schlagen, sich hindern würden dadurch, dass sie sich einander vertrieben."

Die hier vorgeschlagene Verdoppelung des Feuerraumes scheint, wenn überhaupt, doch höchst selten ausgeführt zu sein; in jüngeren Berichten ist nie die Rede davon.

Biringuccio beschreibt dann ausser dem Flammofen mit kreisrundem Schmelzherd auch solche mit ovalem Boden, die, wie er sagt, nach der Meinung anderer besser seien, was die neuere Technik im Princip übrigens bestätigt hat.

Cellinis Flammofen würde nach der Beschreibung ohne weiteres zu rekonstruieren sein, auch alle Masse werden genau angegeben. Wieder ist es ein Flammofen mit kreisrunder Schmelzherdfläche und einem Feuerraume von quadratischem Querschnitt. Die Heizgase entweichen durch vier im oberen Teile der Herdwölbung angebrachte Oeffnungen unmittelbar ins Freie.

Diese Art des Ofens blieb auch in den folgenden Jahrhunderten für die grössten Gusswerke allgemein in Anwendung (vgl. Abb. 4 u. 005). Die wichtigste, besonders durch die Eisengusstechnik wohl erst in der zweiten Hälfte des 18. Jahrhunderts herbeigeführte Vervollkommnung war die Zuhilfenahme einer hohen Esse. Weiter auf die mannigfachen Formvariationen der Oefen des letzten Jahrhunderts einzugehen, ist hier nicht der Ort, gesagt mag nur noch werden, dass an die Stelle des runden Herdraumes fast durchgehends der langgestreckte getreten ist.

Die mannigfachen Hindernisse, die sich beim Schmelzen des Metalles besonders in früheren Jahrhunderten wohl oftmals eingestellt haben, beschreibt Cellini sehr anschaulich, hier würde es zu weit führen, darauf einzugehen.

Die D a m m g r u b e, der tiefe ummauerte Raum vor der Ausflussöffnung des Ofens, hat in erster Linie den Zweck, der Form beim Einströmen des flüssigen Metalles den nötigen Halt zu geben und dem Druck der Gase in der Form wirksam begegnen zu können, die die flüssige Bronze in ihr entwickelt. Man erreicht diesen Zweck, indem man die Dammgrube rings um die Form herum mit Erde vollstampft. Bei sehr grossen Gusswerken erfüllte die Dammgrube zugleich noch die wichtige Aufgabe des Ofens zum Ausschmelzen des Wachses und zum Trocknen der Form.

Theophilus giebt uns wieder bei Gelegenheit des Glockengusses über die Bedeutung der Giessgrube und über die Behandlungsweise der Form darin, die Angaben, die auch heute noch Geltung haben. Er sagt: "mache eine Grube an dem Orte, wo du die Form zum Guss einsenken willst, so tief, als die Breite derselben beträgt, und mache mit Steinen und Thon in der Art einer Grundfeste einen starken Fuss, auf dem, einen Fuss hoch, die Form aufgestellt werde, so dass in der Mitte ein Zwischenraum bleibe, gleich einer Strasse, anderthalb Fuss breit, woselbst Feuer unter der Form brennen kann. Ist es geschehen, so befestige vier Hölzer, welche oben bis zur Fläche des Erdbodens vorragen, neben jenem Fusse und fülle die Grube sogleich mit Erde an. Zugleich auch hole die Form, stelle sie zwischen jenen Hölzern eben auf und beginne auf der einen Seite die Erde herauszuschaffen. Neigt sie sich nun, so grabe auf der anderen Seite, bis die Form auf dem Steinfusse wagerecht aufsitzt. Alsbald wirf die Hölzer heraus, welche bloss zu diesem Zwecke eingerammt waren, um die Form richtig zu stellen. Dann mache mit feuerfesten Steinen und Thon auf jeder Seite vor jenem Wegraum, welchen du in der Mitte des Fusses gelassen, einen Bord, und bilde rundum einen Ofen, einen halben Fuss von der Form entfernt. Bist du bei diesem Aufbau bis zur halben Höhe der Form gelangt, so reinige den Ofenrand und... schaffe das Feuer samt trocknem Holz herbei. Beginnt beim Erwärmen der Form das Fett (oder das Wachs) abzufliessen, so vollende den am Fuss lauwarmen Ofen bis zum Gipfel der Form. Ueber die Oeffnung setze eine Bedeckung aus Thon oder Eisen. Ist das Fett (oder Wachs) nun völlig herausgeschmolzen, so verstopfe beide Oeffnungen (aus denen das Wachs ausfloss) mit Thon, der im rechten Verhältnis gemengt sei... und häufe um die Form herum reichlich Holz, damit den Tag und die folgende Nacht das Feuer nicht ausgehe." Wenn dann inzwischen das Metall im Ofen verflüssigt ist, sagt Theophilus: "eilst du zum Formofen zurück und beginnst vom oberen Teile die Steine mit langen Zangen einzureissen und aufzustossen. Solches Werk, an solcher Stelle, fordert nicht faule Arbeiter, sondern flinke und eifervolle, damit nicht durch die Sorglosigkeit jemandes entweder die Form bricht, oder einer den anderen hindert oder verletzt, oder dessen Zorn hervorruft, was vor allem zu verhüten ist. Sind nun alle Steine eingerissen, so wird das Feuer wieder mit Erde sicher verdeckt, damit die Grube um die Form sorgfältig ausgefüllt sei. Es seien Leute da, welche mit stumpfen Hölzern stets umhergehen, damit mässig stampfen und mit den Füssen treten, denn die eingefüllte Erde soll die Form so umgeben, dass sie auf keine Weise zerbrochen werden kann, wenn man das Erz eingiesst." Und während dann die Männer das flüssige Metall in die Form strömen lassen, sagt Theophilus weiter: "lege dich an die Mündung der Form, indem du nach dem Gehör sorgsam beachtest, was innen vor sich gehe. Und wenn du etwas wie leichtes Donnergemurmel hörst, so sage ihnen, sie mögen ein wenig einhalten und dann wieder eingiessen. So wird durch zeitweiliges Einhalten und Eingiessen erreicht, dass sich das Erz gleichmässig lagere."

Diese anschauliche Schilderung des trefflichen Mönches bedarf eines Zusatzes nicht.

Auf die Beschreibung Cellinis vom Eindämmen der Form in der Giessgrube einzugehen, erscheint nach den Ausführungen des Theophilus kaum notwendig; wesentlich neues bringt er nicht. Erwähnt sei nur, dass Cellini das Ausschmelzen des Wachses aus der Form und deren Verglühen ausserhalb der Giessgrube vornimmt. Nachdem aber das Wachs ausgeschmolzen ist, hat der Kern den vollkommen festen Halt in der Höhlung des Mantels eingebüsst und ist mit grösster Sorgfalt vor Erschütterungen zu bewahren; auch darauf weist der Künstler mit dem nötigen Nachdrucke hin.

Bei sehr grossen Gusswerken, wie z. B. der im Jahre 1699 für Paris ausgeführten Girardonschen Reiterstatue Ludwigs XIV., wurde die Dammgrube nicht vertieft, sondern über der Erdoberfläche aufgemauert. Die Giessgrube bildete in diesem und in ähnlichen Fällen die Stätte, an der überhaupt die ganze Giessform entstand. Man ging durch diese Art der Anlage einmal der Gefahr aus dem Wege, dass in die sonst sehr tiefe Grube Grundwasser eindringen könnte, dann wurde aber vor allem der kaum zu bewerkstelligende Transport der kolossalen Form vermieden, bei dem Verletzungen, womöglich im Innern, kaum zu vermeiden gewesen wären. Man mauerte also zunächst nur die Fundamente der Giessgrube und des daran schliessenden Ofens auf, und errichtete darüber eine geräumige mit grossen Fenstern versehene Werkstatt, die nach Vollendung der Gussform — wenn es nötig wurde, Giessgrube und Ofen aufzumauern — abgebrochen und durch ein höheres, auch den Ofen überragendes Haus ersetzt wurde (Abb. 4).

Auf dem Boden der Giessgrube begann man damit, für die Gussform einen niedrigen Sockel zu errichten, der aus rostartig sich kreuzenden Mauern gebildet wurde. Darauf legte man ein aus starken Eisenstäben gefügtes Gitter, das zur eigentlichen Grundlage der Form wurde.

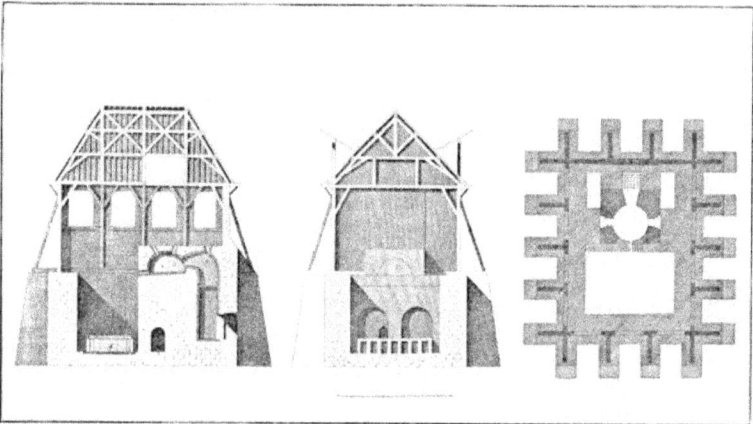

Abb. 4. Giesshaus mit Schnitten durch Ofen und Dammgrube (Mariette, Description des travaux qui ont précedé, accompagné et suivi la fonte en bronze d'un seul jet de la statue équestre de Louis XV. Paris 1768).

Besondere Sorgfalt ist bei grösseren Gusswerken, überhaupt bei Verwendung von Flammöfen, aus denen das Metall unmittelbar zur Form strömt, der oberen Abdeckung der Giessgrube über der eingestampften Form zuzuwenden. Cellinis klare Angaben darüber mögen hier zur Vervollständigung des von Theophilus Mitgeteilten noch Platz finden. Er schreibt: "Ist die Grube bis zur Höhe der Haupt-Eingussröhren gefüllt, indem dabei das nötige Gefälle von dem Ausflussloche des Erzes berücksichtigt worden, werden sämtliche... in die Höhe geführten Luftkanäle, gleichfalls auch die Eingussröhre mit ein wenig Werg verstopft. Nun stelle man mit Aussparung der Röhrenöffnungen ein Pflaster aus Backsteinen her, welches genau bis an die Mündung, oder wie es oft vorkommt, der mehreren Eingussröhren reicht. Alsdann müssen Steine von roher, nur getrockneter Erde bis zu einer Breite von drei Fingern oder mehr gespalten werden, wie es der erfahrene Meister für das dem Erze nötige Gefälle passend hält; welche Steine dann mittels des mit Scheerwolle gemischten Thones anstatt des Kalkes über dem obigen Backsteinpflaster zu einer Rinne vermauert werden, die von der Wand des Ofens herab rings um die Oeffnung läuft, in welche das Erz einströmen soll. Durch Ummauerung mit gebrannten oder gleichfalls rohen Backsteinen befestige man nun behutsam die Rinne; die Höhe dieser Schutzmauer muss der letzteren gleichkommen, für die Breite genügt ein Backstein. Sind alle Fugen, aus denen das Metall hervordringen könnte, mit feuchter Erde anstatt mit Kalk verstrichen, so ersetze man den Wergpfropfen in den Eingussröhren durch leicht herausziehbare Stöpsel aus feuchtem Thon, weil sofort glühende Kohlen in die Rinne zu bringen, auch alles frischgemauerte damit zu bedecken ist. Dies wird etliche Male wiederholt, bis die Erde nicht nur gut ausgetrocknet, sondern auch gebrannt worden ist. Während nun das

25

Metall im Ofen in Fluss kommt, blase man mit einem Blasbalg Asche und Kohlen, die dem flüssigen Erz den Weg versperren könnten, aus der Rinne, entferne die Wergpfropfen der Luftkanäle und die Thonstöpsel der Eingussröhren, lege noch 2 bis 3 Talglichte im Gewicht von nicht völlig einem Pfund in die Rinne und eile zum Ofen, um die Metallmischung mit einer neuen Zuthat von Zinn im Betrage von ca. ½ Prozent vom gewöhnlichen Verhältnis aufzufrischen. Ist dies in aller Eile geschehen und unterdessen das Feuer im Ofen beständig mit neuem Holz in Brand erhalten, so stosse man getrost das Gussloch mit einer Stange auf, und lasse das flüssige Metall mit Maass herausströmen, indem man das Ende der Stange noch eine Weile in das Gussloch hält, bis eine gewisse Menge abgeflossen und die erste Wut des Metalles gebändigt ist, die sonst leicht Ursache wäre, dass sich Wind in der Form verfinge. Ist der erste Drang gemässigt, kann die Stange entfernt werden und das Erz, bis der Ofen leer ist, auslaufen. Zu diesem Ende steht ein Mann an jeder der Ofenthüren und treibt das Erz mit den üblichen Kratzeisen zur Mündung hinaus. Das nach Füllung der Form noch abfliessende pflegt man durch Bewerfen mit der aus der Grube gegrabenen Erde zu hemmen. So wird nun endlich die Form gefüllt sein!"

Abb. 5. Beginn des Gusses (Boffrand, Description de ce qui à été pratiqué pour fonder en bronze d'un seul jet la figure équestre de Louis XIV. Paris 1743).

Die gleichen Vorkehrungen traf man auch in jüngerer Zeit bis auf den heutigen Tag. Zumeist hielt man aber die Oeffnungen der Eingussröhren, wie aus der Abbildung 5 zu ersehen ist, so lange mit eisernen, durch Hebel hochzuziehenden Stöpseln verschlossen, bis die flache Vertiefung über der Form gleichmässig mit flüssigem Metall gefüllt war, damit das Erz in alle Gusskanäle zur selben Zeit einströmte.

Der G u s s wurde früher häufiger (besonders wohl bei Fürstenstandbildern) zu einem Festakte gestaltet, dem die vornehme Welt, wenn nicht gar der fürstliche Auftraggeber selber, beiwohnte.

Die Abbildung 6 veranschaulicht den Beginn des Gusses der für Paris gegossenen grossen Reiterstatue Ludwigs XV. im Jahre 1758. Auch beim Guss von Schlüters Denkmal des Grossen Kurfürsten am 2. Nov. 1700 in Berlin versammelte sich die vornehme Gesellschaft, an der Spitze der Markgraf

Christian Ludwig, im Giesshause des Meisters Jacobi.

Abb. 6. Der Guss der Statue Ludwigs XV. (Mariette).

Die wenigen Augenblicke waren entscheidend für das Gelingen des Werkes, das Monate oder gar Jahre mühevoller Vorbereitung gekostet hatte; beim Guss erst konnte es sich zeigen, ob die Form fest und gut gearbeitet war, und ob man die Menge des zu schmelzenden Erzes richtig bemessen hatte. Schweres Missgeschick konnte da den Meister treffen, auch Cellini weiss davon zu berichten.

Mit dem Einguss des Metalles sind die mühevollen Arbeiten, die ein Bronzewerk erfordert, nicht beendet. Die nächste Aufgabe ist es, die Form wieder frei zu legen, dann den Formmantel zu zerschlagen und am erzenen Bilde die mannigfachen noch notwendigen N a c h a r b e i t e n vorzunehmen.

Theophilus spricht sich über diese letzten Arbeiten nur sehr kurz aus. Sobald das Metall im Eingussrohre sich dunkel färbe, solle die die Form umgebende Erde fortgeräumt und wenn die Form ganz kalt geworden ist, der Mantel beseitigt werden. Dann sagt er weiter: "beobachte sorgsam, ob durch Nachlässigkeit oder Zufall etwas

28

fehlerhaft sei, schabe die Stelle dann ringsum feilend ab und setze Wachs an oder (und darüber) ebenso Thon; wenn es getrocknet ist, erwärme es und so giesse es darauf an, bis das Angegossene, wenn der (Metall)-Strom in jenen Teil fliesst, festhält. Sobald du dies gewahr wirst, so löte es, falls es zu wenig fest anhafte, durch Verbrennung von Weinstein und Feilspänen von Silber und Kupfer... an. Darauf befeile alle Felder, zuerst mit verschiedenen viereckigen, dreieckigen und runden Feilen, ciselire sie dann mit den Grabeisen, schabe sie mit den Schabeisen. Endlich, wenn du dein Werk mittels oben etwas glatten Hölzern mit Sand gescheuert hast, vergolde es."

Nächst Theophilus finden sich in der Schrift des Pomponius Gaurikus: De sculptura[5], Angaben über die Nacharbeit von Gusswerken. Dort heisst es: »Die äusserlichen Fehler bestehen nun aber, wie bei anderen Dingen, in Ueberschüssigem und Mangelndem. Das Ueberschüssige wird mit Meissel und Feile entfernt, dem Mangel wird abgeholfen durch Ansetzen und Anfügen. Durch Ansetzen auf folgende Art: hat man in die Seiten viele Löcher gebohrt, so thut man nach Bedürfnis Wachs darauf, verkreidet es, und giesst dann, nachdem das Wachs herausgelassen und der (zum Verkreiden benutzte) Thon gebrannt ist, Metall von der betreffenden Sorte hinein. Durch Anfügen aber, wie wir anschweissen, so: in einem irdenen Gefäss wird, wie es Brauch ist, Messing geschmolzen und zu je einem Pfunde davon eine Unze Arsenik gethan, nachher wird es in ehernem Mörser gestossen. Dieses Pulver untermischt mit Borax, wird auf die Anfügestellen gestreut und dem Feuer bis zum Schmelzen ausgesetzt .... Die Schönheit wird gänzlich vollendet durch Glätten und Farbigmachen. Durch Glätten, indem wir die rauhen Feilenspuren mit dem Ciselierstichel wegnehmen und Glanz hervorbringen mit Bimsstein, einem

Griffel oder einem zahnförmigen Stahlinstrument (Polierstahl), das man "bronitorium" nennt.

Cellini spricht sich nur kurz darüber aus, wie mit dem aus der Form genommenen Gusswerke weiter zu verfahren sei. Ein von ihm ausgeführtes Probegussstück kam so rein aus der Form, dass seine Freunde meinten, er brauche es nicht weiter nachzuarbeiten. Doch sagte er: "Sie verstanden es aber so wenig, als gewisse Deutsche und Franzosen, die sich der schönsten Geheimnisse rühmen, und behaupten dergestalt in Erz giessen zu können, dass man nicht nötig habe, es auszuputzen. Das ist aber ein närrisches Vorgehen, denn jedes Erz, wenn es gegossen ist, muss mit Hammer und Grabstichel nachgearbeitet werden, wie es die wundersamen Alten gethan haben, und auch die Neuen. Ich meine diejenigen, welche in Erz zu arbeiten verstanden."

Auch Félibien[6], auf dessen Abhandlung über die Giesserei noch verschiedentlich einzugehen sein wird, geht mit wenigen Worten darüber hinweg; ausführlichere Angaben erhalten wir erst (1743) in Boffrands Beschreibung von der Herstellung des Girardonschen Reiterbildes Ludwigs XIV. Boffrand giebt an, dass man das Metall in der Form drei bis vier Tage abkühlen lassen müsse, dann alle Erde aus der Giessgrube entfernen und den Formmantel zerschlagen solle. Darauf habe die Nacharbeit des Bronzebildes zu beginnen. Die Geschicklichkeit der Werkleute habe es zwar dahin gebracht, den Guss so sauber gelingen zu lassen, dass eine Ueberarbeitung der Flächen kaum notwendig sei, dass ein Waschen und Scheuern mit Weinhefe genüge. Doch da die das Werk umschliessenden Gusskanäle und Luftröhren bei ihrer Entfernung an der Schnittstelle einen blanken Fleck bildeten, und da ja auch Oeffnungen zu füllen seien, deren Einsatzstücke notwendig überarbeitet werden müssten, so sagt Boffrand, müsse man schon, um eine einheitliche Farbe am ganzen Bilde zu erzielen, auch alles übrige nachciselieren.

Wenn das Netz der Guss- und Luftröhren abgesägt sei, müsse zuerst der Kern aus dem Inneren entfernt werden aus einer für den Zweck im Kreuz des Pferdes ausgesparten Oeffnung, teils auch aus Oeffnungen am unteren Teile des Körpers. Auch alle für die Standfestigkeit des Gusswerks später entbehrlichen Teile des inneren Eisengerüstes müssten abgelöst werden. Dann beginne die Nacharbeit mit der Säuberung und Schlichtung der Schnittstellen der Röhren, weiter seien die Unebenheiten zu entfernen, die dadurch entständen, dass während des Brennens sich Risse in dem Formmantel bilden. Die Stäbe der Eisenarmatur, die aus der Bronzewandung nicht entfernt werden dürften, müssten (da sie an der Aussenfläche rosten würden) bis zur Mitte der Bronzestärke mittels Meisseln entfernt und die entstehenden Löcher wieder mit dem Gussmetall gefüllt werden. Auch fänden sich bisweilen doppelte Metallschichten, die sich gebildet hätten dadurch, dass beim Brennen der Form die innere Mantelschicht abblättere und diese Blättchen dann zwischen Kern und Mantel liegend vom Metall umflossen würden. Auch diese Stellen müssten durch Einsatzstücke erneuert werden. Ferner seien blasige und besonders in den oberen Teilen mit Asche durchsetzte Stellen nicht selten, auch sie bedürften derselben Bearbeitung. Die Oeffnungen, auch etwa beim Erkalten entstehende Risse, sagt Boffrand, würden zumeist mit flüssig eingegossenem Metall geschlossen. Man feile zu dem Zweck den Rand der Löcher schwalbenschwanzartig aus, bringe dann eine Lehmform davor mit Luft- und Gussöffnung, erhitze das Ganze gut und fülle das in Tiegeln verflüssigte Metall hinein. An Stellen, die für diese Art der Ausbesserung schwer zugänglich seien, z. B. am Bauche des Pferdes, hämmere man die Ersatzstücke kalt ein. Schliesslich müssten noch die rauhen und porösen Stellen mit stumpfen

Meisseln geschlichtet und gedichtet werden, und wenn die ganze Oberfläche mit Meisseln, Punzen, gezähnten Eisen und Drahtbürsten gesäubert sei, reinige man sie drei bis vier Mal mit Säure und zuletzt mit warmer Weinhefe. Tüchtige und erfahrene Werkleute seien zu all den Arbeiten erforderlich und die Kosten wären sehr bedeutend.

In verschiedenen Punkten abweichend äussert sich Wuttig[7] über die Nacharbeit. Er sagt: "Ist der Guss der Werke vollkommen fehlerfrei geraten, so besteht die nötige Ciselierarbeit bloss in dem Abschneiden der Metallzweige, die durch die Leitungsröhren der Form gebildet worden, und in dem Ausfeilen der Stellen, auf welche sie geleitet waren. Diese Arbeit macht um so weniger Schwierigkeit, da jene Metallzweige nur auf solche Stellen des Kunstwerks verfügt werden, die wenig Detail von Ausarbeitung haben, z. B. auf ebene Teile des Leibes u. s. w. Es erfordert diese Arbeit daher keinen geübten Künstler, sondern kann von jedem gemeinen Arbeiter verrichtet werden. Anders verhält es sich, wenn z. B. nicht die grösste Sorgfalt auf die Anfertigung des Wachsmodells gewandt worden, oder wenn etwa da, wo die einzelnen Teile der Gipsform in Zusammenfügung waren, Wachsränder etc. entstanden sind, die vielleicht noch überdies die feinsten Züge des Werks getroffen haben; dann muss die Geschicklichkeit und Geübtheit eines guten Kupferstechers (Ciseleurs) zu Hilfe kommen, die durch den Wachspossierer verursachten Fehler zu verbessern. In solchem Falle geht zuweilen aller Ausdruck und alle Schönheit, trotz aller angewandten Mühe des Graveurs verloren, da es unmöglich ist, etwas so Vollkommenes durch Ciselierarbeit hervorzubringen, als was durch den Guss hervorgebracht werden kann. Nachdem die äussere Abräumung und etwaige Ausbesserung der Gusswerke verrichtet ist, wird zur inneren Ausräumung, d. h. zur Ausnahme des Kerns nebst der Armatur geschritten." Wuttig führt die Beschreibung noch weiter aus, doch scheint es kaum notwendig, seine noch folgenden Angaben zu citieren, sie vermögen die von Boffrand gegebenen nicht wesentlich zu ergänzen. Hingewiesen sei nur noch einmal darauf, dass er jede über das notwendigste Mass hinausgehende Nacharbeit für fehlerhaft erklärt und man muss annehmen, dass gleiche Anschauungen auch die Meister der früheren Jahrhunderte vertraten, so weit sie nicht etwa wie Cellini die Ciselierung der auch von ihnen modellierten Werke eigenhändig ausführten.

Bei den Teilformverfahren, wie sie für den Bildguss im 19. Jahrhundert angewendet wurden, waren die Abräumungsarbeiten nach dem Guss sehr viel einfacher, doch durch die Zusammenfügung der Teile und die zumeist im weitgehendsten Maasse erforderliche Nacharbeit der mit einer rauhen Gusshaut und einem Netz von Gussnähten überdeckten Bildwerke wurde die Gesamtmühe eher gesteigert als vermindert.

Wie gerade im 19. Jahrhundert die Ciselierarbeit das Schmerzenskind der Künstler war, wird sich Gelegenheit bieten, an anderer Stelle zu zeigen.

Kurz zu betrachten ist hier noch die Metallfärbung durch bestimmte Mischungsverhältnisse, die natürliche Oxydation und die, wie es scheint, auch zu allen Zeiten angewendete künstliche Patinierung.

Wie weit man im Altertum, vor allem in Griechenland, von der letzteren Gebrauch zu machen verstand, ist bisher nicht bekannt. Manche märchenhaft klingenden Berichte über die Tönung von Bronzefiguren könnten aber darauf schliessen lassen, dass sie geübt wurde. Von einer Bronzestatue des Silanion, einer sterbenden Jokaste, wird berichtet, dass der Künstler ihr Gesicht blass, wie das einer

Sterbenden zu tönen verstanden habe, indem er dem Erz Silber beigemengt habe; und bei einer Statue des Aristonidas, die den rasenden Athamas darstellte, soll der Erzgiesser der Bronze Eisen beigemischt haben, damit der Rost desselben durch den Glanz des Erzes hindurchschimmere und auf diese Art die Schamröte wiedergegeben werde.[8]

Wenn nun auch zweifellos durch diese Metalllegierungen Töne in der angegebenen Art erzielbar sind[9], ausgeschlossen muss die partielle Färbung sein, wie sie nach den obigen Angaben anzunehmen wäre; man könnte also an nachträglichen Farbenauftrag denken.

Immerhin geht aus den angeführten und ähnlichen Nachrichten hervor, dass man die Farbwirkungen verschiedener Erzmischungen künstlerisch benutzte. Besondere Berühmtheit genoss im Altertum das korinthische Erz. Man unterschied weissliches, in dem ein Silberzusatz überwog, goldgelbes mit einem Goldzusatze und eine dritte Sorte, in dem man Kupfer, Silber und Gold zu gleichen Teilen gemischt haben soll.[10] Neuere chemische Untersuchungen konnten diese Angaben bisher nicht bestätigen, geringe Gold- oder Silberbeimengungen, die nachgewiesen sind, dürften nur als zufällig vorhanden anzusehen sein.

Auch in der nachantiken Zeit war es stets bekannt, dass durch bestimmte Mischungen bestimmte Farbtöne der Bronze erreichbar waren, künstlerische Anwendung scheint man jedoch im Abendlande kaum davon gemacht zu haben; im allgemeinen wählte man gewisse Legierungsverhältnisse mehr aus praktischen Rücksichten.

Bewunderungswürdige Farbwirkungen durch Legierung verstehen seit Jahrhunderten Chinesen und Japaner zu erzielen, doch bei grossen Bronzewerken scheint man, der höheren Kostbarkeit wegen, diese Tönungen nicht angewendet zu haben; darauf einzugehen dürfte hier zu weit führen.

P a t i n a im engeren Sinne ist bei den überwiegend aus Kupfer bestehenden Metallmischungen eine von den Zusätzen nur in geringem Grade abhängige Oberflächenfärbung. Die Patina ist eine Sauerstoffverbindung des Kupfers oder der Bronze, ein Oxyd, oder, wenn man will, ein Rost, ein Edelrost, der das Metall zugleich mit einer schützenden Schicht umhüllt, die es vor weiteren schädlichen Einflüssen der Atmosphäre schützt.

Die Patina ist zu allen Zeiten mit seltenen Ausnahmen (vergl. S. <u>67</u>) als etwas Verschönerndes geschätzt worden, und nicht erst in unserer Zeit hat man sich bemüht, die schöne grüne Farbe oder andere, den metallischen Glanz lindernde Töne, schon auf den neuen Gusswerken hervorzubringen.

Ganz zweifellos wandten die Bronzekünstler des 15. und 16. Jahrhunderts, vor allem in Italien, Firnisse und Farbmittel an, um eine künstliche Patina herzustellen. Die Spuren davon haben sich erhalten bei zahlreichen nicht unter freiem Himmel aufgestellten Werken; vor einer kräftigen grünen Tönung hat man sich damals so wenig wie in jüngerer Zeit gescheut.

Einige Angaben darüber giebt wieder Gaurikus in der angeführten Schrift. Nachdem er von der Feuerversilberung und Feuervergoldung gesprochen hat, sagt er: "Solche Farben entstehen auch auf viele andere Weisen, die wir aber, da sie weder dauerhaft noch auch besser sind, nicht beachten wollen. Gelbe Farbe aber wird sich ergeben zum Besatz, wenn man einen durch und durch gesäuberten Siegelabdruck auf eine weissglühende Platte legt, bis man sieht, dass er ganz die Farbe davon angenommen hat, und ihn allmählich erkalten lässt. Grün durch starkes Benetzen mit salzigem Essig, Schwarz entweder durch starkes Ueberstreichen mit flüssigem Teer oder durch Anrauchen von Erzschlacken in ganz nassem Zustande."

Ob man den öffentlich aufgestellten Erzdenkmälern in früheren Jahrhunderten den Metallglanz in demselben weitgehenden Masse sogleich bei der Aufstellung genommen hat, wie es heute fast allgemeiner Brauch ist, dürfte schwer zu entscheiden sein.[11] In der schon genannten kleinen 1814 in Berlin erschienenen Schrift des Hofrats Wuttig ist S. 53ff. von dem "Bronzieren" wie von etwas allgemein Bekanntem und oft Geübten die Rede. Dort heisst es: "Jede aus der Formgrube kommende Statue hat ein unangenehmes Oberflächenansehen, ist an einigen Stellen metallisch glänzend, an den anderen angelaufen, erscheint verschiedenfarbig gefleckt, hell und dunkel u. s. w. Dies zu heben, werden die Statuen entweder durch Abwischen mit sehr verdünnter Schwefelsäure und Abscheuern in gleichförmigen Metallglanz gesetzt, oder (da der Reflex des letztern zur Entstellung der Kunstwerke beiträgt) bronziert, d. h. künstlich mit demjenigen Erzbeschlage (Aerugo nobilis des Horaz) überzogen, der sich durch Einwirkung der Atmosphärilien auf der Oberfläche der im Freien aufgestellten Werke sonst erst mit der Zeit bildet.... Ich habe mich vor einigen Jahren damit abgegeben, verschiedene Nuancen von Grün und Braun auf Bronze und reinem Kupfer hervorzubringen, und es ist von meinen Vorschriften Gebrauch beim Bronzieren grosser Werke gemacht worden."

Wuttig giebt noch eine Reihe von Rezepten zur künstlichen Patinierung, die hier ebensowenig näher auf ihre Brauchbarkeit zu prüfen sind, wie die zahllosen heute für denselben Zweck angewendeten. Gewichtige Stimmen erheben sich heute überhaupt gegen die künstliche Patinierung.

Von interessanten Untersuchungen über die Bildung der natürlichen Patina und ihre Hinderungsursachen möge noch kurz berichtet werden.[12] Man hat beobachtet, dass Erzbildwerke, die bereits eine wundervolle Patina angesetzt hatten, diese um die Mitte des 19. Jahrhunderts wieder mehr oder minder verloren haben, ausgenommen an der Regenschlagseite. Nach einer Behandlung mit Lauge kam sie auch an den übrigen Stellen wieder zum Vorschein, eine ziemlich stark schwefelsäurehaltige Schicht von Kohlenruss hatte sich darüber gebreitet. Eine genauere Untersuchung liess erkennen, dass der Russ nicht allein die hässliche Schmutzfarbe veranlasst, dass er vielmehr auch ätzend, d. h. zerstörend auf die Bronze wirkt. In Nürnberg angestellte Versuche lehrten, dass diesen verderblichen Einflüssen des Kohlenrusses nur durch stetig wiederholte Reinigung mit Wasser entgegengearbeitet werden kann. Weiter wurde festgestellt, dass die mit Zink legierten Bronzen weniger zur Patinabildung geeignet sind, wie die mit Zinn legierten. Andere Beobachter führen als Grund der mangelhaften Patinabildung daneben auch die unzureichende Dichtigkeit und Gleichmässigkeit des Gusses an und verlangen, dass die Erzgiesser in weitgehenderem Masse wie bisher auf die gute Konstruktion der Oefen Wert legen.

Doch erst wenn die städtischen Verwaltungen ebenso wie die Techniker diese Winke nicht mehr ungehört vorübergehen lassen, dürfte das schöne Ziel zu erreichen sein, dass die schwarzen Männer unserer Denkmäler wieder in einer ansprechenderen Tönung erscheinen.

Fußnoten:

[2] Vgl. Uebersetzung von A. Ilg in den Quellenschriften zur Kunstgeschichte. VII. Wien 1874. (Uebersetzung an einigen Stellen berichtigt.)

[3] Im Auszuge übersetzt in Beck, Geschichte des Eisens Bd. II, 1.

[4] Abhandlungen über die Goldschmiedekunst und die Skulptur von Benv. Cellini. Uebersetzung von J. Brinckmann. Leipzig 1867.

[5] Zum ersten Male herausgegeben im Jahre 1504. Uebersetzung von H. Brockhaus, Leipzig 1886.

[6] Félibien: Des Principes de l'Architecture etc. Paris 1697.

[7] Wuttig: Die Kunst, aus Bronze kolossale Statuen zu giessen. Berlin 1814.

[8] Blümner, Gewerbe und Künste bei Griechen und Römern Bd. IV. S. 327.

[9] Die Möglichkeit der Färbung durch einen Eisenzusatz hat man wohl sicher mit Unrecht bestritten. Vergl. Zeitschr. d. Bayer. Gewerbe-Mus. zu Nürnberg Bd. 18. S. 105.

[10] Blümner a. a. O. Bd. IV. S. 183ff.

[11] Vgl. Félibien a. a. O. Der Verfasser giebt, ohne ausdrücklich von öffentlich aufgestellten Bronzemonumenten zu sprechen, über die zu seiner Zeit geübte künstliche Patinierung folgende Auskunft: "Il y en a qui prennent pour cela de l'Huile et de la Sanguine: d'autres les font devenir vertes avec du vinaigre. Mais avec le temps la bronze prend un vernis, qui tire sur le noir."

[12] Zeitschr. d. Bayer. Gewerbemuseums zu Nürnberg. 20. Jahrg. 1886 S. 97ff. und Maertens, Deutsche Bildsäulen. Stuttgart 1892. S. 40–41.

II. Das Wachsausschmelzverfahren im Altertum und Mittelalter bis zum 14. Jahrhundert.

Die grossartigsten und schönsten Gusswerke aller Zeiten sind in einem Verfahren hergestellt, das, so einfach es im Grunde ist, doch Wandlungen im Laufe der Jahrtausende erfahren hat, die ebenso wie sie vom allgemein wissenschaftlichen Standpunkte der Betrachtung wert sind, auch vom Künstler und Kunstfreunde beachtet zu werden verdienen.

Das Princip des Wachsausschmelzverfahrens ist bereits kurz gekennzeichnet. Auf dem hier in Betracht kommenden Gebiet der Metallplastik handelt es sich aber nur in seltenen Fällen um die einfachste Ausführungsmöglichkeit des Verfahrens, mit dessen Hilfe nur massive Gussstücke erlangt werden können, die künstlerische Metallplastik hat zumeist schwierigere Aufgaben zu lösen; mannigfache bereits gekennzeichnete Gründe machen es erforderlich, Hohlkörper zu erhalten.

Wenn man nun von der kalten Bearbeitung des Metalles absieht, dann dürfte am einfachsten ein hohler Metallkörper mit Hilfe der Schmelzbarkeit auf folgende Art zu erhalten sein.

Ein rundlicher Metallhohlkörper von einer bestimmten Grösse soll hergestellt werden. Man formt aus einem hitzebeständigen Material z. B. Lehm zunächst den Kern, der die Form des gewünschten künftigen Gussstückes hat, nur muss er ein wenig kleiner sein. Der Kern muss langsam getrocknet und schliesslich geglüht werden, er büsst dabei ein wenig an Grösse ein, und darauf muss von vornherein

Rücksicht genommen werden. Nach dem Erkalten wird der Kern ringsum eingehüllt von einer Wachsschicht, die in Form und Wandungsstärke dem künftigen Metallkörper genau gleich gemacht werden muss. Zu achten ist noch darauf, dass die Wachsschicht nach Möglichkeit den Kern in gleichmässiger Dicke umschliesst, denn das flüssige Metall, das später den Raum des Wachses ausfüllen soll, würde an den stärkeren Teilen langsamer erkalten als an den dünneren. Die vor allem in Betracht kommende Bronze zieht sich aber beim Erkalten zusammen, sie "schwindet", und Risse würden besonders dann entstehen, wenn das Zusammenziehen ungleichmässig erfolgte.

Ist so Kern und Wachsschicht sorgfältig vorbereitet, dann wird in der Herstellung der Form fortgefahren; es handelt sich zunächst darum, den "Formmantel" herzustellen. Die Innenfläche des Mantels, der wie der Kern aus Lehm gefertigt werden kann, muss in möglichster Schärfe alle Formen des künftigen, bis jetzt in Wachs vorhandenen, Gussstückes aufweisen. Um das zu erreichen, wird man auf die Wachslage zuerst eine dünne, aus äusserst fein geschlämmtem Lehm gewonnene Schicht, nötigenfalls mit einem Pinsel, auftragen und darüber erst die Festigkeit gebende Lage aus gröberem Lehm aufbringen.

Würde man nun, nachdem der Mantel getrocknet ist, in ihm eine Oeffnung herstellen und die ganze Form erwärmen, dann würde aus der Durchbohrung das Wachs ausfliessen und der Kern dann lose im Mantel eingeschlossen sein. Es kommt aber gerade darauf an, den Kern in einer unverrückbaren Lage zum Mantel zu befestigen, und dieses erreicht man dadurch, dass man vor dem Erwärmen der ganzen Form von aussen her dünne zugespitzte Metallstäbchen, von der Art des zu verwendenden Gussmateriales bis in den Kern einbohrt; sie werden dem Kerne Halt geben, auch wenn das Wachs ausgeschmolzen ist.

Nachdem das Wachs entfernt ist, wird auch der Mantel geglüht, und die Form ist dann für den Einguss des Metalles vorbereitet; nötigenfalls sind noch im Mantel einige kleinere Kanäle anzubringen, die der Luft beim Einfluss des Metalles den Austritt gewähren.

Das flüssige Metall füllt sodann den Raum zwischen Kern und Mantel aus, umschliesst also wie vorher das Wachs den Kern und weiter auch die dünnen Stützstäbchen, es wird auch den Eingusskanal und die etwa vorhandenen Luftröhrchen füllen. Wird nun der Mantel zerschlagen, dann liegt der Gusskörper mit seinem Eingusszapfen und den stachelartig heraustehenden Stützstäbchen frei da. Es ist nur nötig, diese Teile abzufeilen, das Ganze zu säubern und nötigenfalls nachzuarbeiten. Soll aber auch der eingeschlossene Lehmkern entfernt werden, so muss erst künstlich eine Oeffnung geschaffen werden, durch die er herausgekratzt werden kann. Bei grösseren Werken wird von vornherein auf diese für die innere Säuberung des Gussstückes notwendige Oeffnung Rücksicht genommen.

Kaum der Hervorhebung bedarf es, dass bei diesem Verfahren für jedes einzelne Gussstück stets dieselbe ziemlich mühsame Arbeit geleistet werden muss, von einer mechanischen Erleichterung selbst bei Herstellung vieler gleicher Gegenstände kann kaum die Rede sein. Doch dieser Nachteil ist eben ein künstlerischer Vorzug, jedes Gusswerk ist eine Originalarbeit, bei der das eigentlich für den Guss verwendete, verloren gehende Wachsmodell vom Künstler stets aufs neue modelliert werden muss. Das Verfahren bietet vor anderen noch den Vorzug, dass die denkbar getreueste Reproduktion der künstlerischen Arbeit erzielt wird. Bei dem aus einem Stücke bestehenden Mantel sind Verschiebungen kaum möglich, auch kann die unter Umständen sehr schädigende Nacharbeit fast vermieden werden. Wenn das Formmaterial besonders geeignet gewählt wird, ist ein Ueberarbeiten der gesamten Oberfläche kaum notwendig, man wird sich beschränken können auf die Fortnahme der Zapfen, da die bekannten störenden Gussnähte, die bei anderen Formverfahren unvermeidlich sind, auch fortfallen.

Das Wachsausschmelzverfahren ist vermutlich in der gekennzeichneten Ausführungsart schon viele Jahrhunderte vor Christi Geburt zur Herstellung metallplastischer Werke angewendet worden.

Schriftliche Nachrichten über das Verfahren sind, sofern man absieht von Bezeichnungen, die auf einzelne Bestandteile oder Materialien der Form hinweisen, aus dem Altertum nicht bekannt, eine Untersuchung der erhaltenen Arbeiten vermag aber in den meisten Fällen eine ziemlich sichere Auskunft über ihre Herstellungsart bei den Völkern des Altertums zu geben.

An erster Stelle sind die metallplastischen Arbeiten des alten A e g y p t e n s von Interesse. Ungezählte aus Kupferlegierungen gegossene Werke der Bildnerkunst sind aus diesem ältesten Kulturreiche auf uns gekommen, allerdings sind die erhaltenen Kunstleistungen jener Art über das zweite vorchristliche Jahrtausend mit Sicherheit nicht hinauf zu datieren.

Der Oberkörper eines gusstechnisch sehr vollkommenen Bronzefigürchens von ursprünglich etwa 30 cm Höhe, aus der Zeit Ramses II. — etwa 14. Jahrh. v. Chr. — befindet sich im Berliner Neuen Museum. Französische Forscher, Perrot und Chipiez, nehmen allerdings an, dass bereits um die Mitte des 3. Jahrtausends v. Chr. ägyptische Giesskünstler bedeutsame figürliche Werke zu schaffen verstanden, doch scheinen neben anderen auch technische Gründe dagegen zu sprechen.

Reines Kupfer ist als Gussmaterial kaum verwendbar; geeigneter dazu wird es durch einen Bleizusatz, doch für die Ausbildung des eigentlichen Kunstgusses war eine Vermischung mit Zinn die Vorbedingung.

In Aegypten wurde nun dieser, den Charakter der Bronze wesentlich bestimmende Bestandteil nicht gefunden. Möglich ist, dass man ihn aus anderen orientalischen Ländern erhielt, doch vielleicht mit grösserer Wahrscheinlichkeit nimmt man an, dass erst phönizische Seefahrer den kostbaren Stoff von den fernen Zinninseln, von Britannien her, ins Land der Pharaonen gebracht haben.

Doch hier kommt es vorwiegend auf die von jenen alten Künstlern angewendete Technik an. Ist es bei der angeführten unvollständigen Berliner Figur ihrer Dünnwandigkeit wegen anzunehmen, dass sie im Wachsausschmelzverfahren entstand, so lassen grössere, dem letzten vorchristlichen Jahrtausend angehörende Arbeiten der Bronzeplastik darüber keinen Zweifel. An ihrer Oberfläche erkennt man neben ungleichmässig grossen Einsatzstückchen, die zweifellos als Ausbesserungen von Gussfehlern und dergleichen anzusehen sind, auch in grösserer oder geringerer Anzahl länglich viereckige oder rundliche am selben Gussstück fast durchgehends gleich grosse Stäbchen-Querschnitte, die in ihrer Verteilung ein gewisses Princip erkennen lassen. Es sind das die bei jeder komplizierter gestalteten Gussform unentbehrlichen Stützstäbchen für den Kern, die, wie gezeigt ist, mit eingegossen und nachher bis zur Oberfläche abgefeilt werden. Da nun bei keinem anderen Formungsverfahren jene Stäbchen in gleicher Art zur Verwendung kommen können, so ist in ihrem Vorhandensein ein Beweis für die Ausübung des Wachsausschmelzverfahrens im alten Aegypten zu erblicken.

Abb. 7. Marc-Aurel, Rom.

Wie Funde erkennen lassen, wurde die Giesskunst neben Aegypten auch in anderen semitischen Kulturstaaten des Altertums gepflegt; ganz besonders hervorragende Meister in diesem Fach müssen, wie uns die Bibel berichtet, die P h ö n i z i e r gewesen sein.

Im ersten Buch der Könige ist zu lesen, dass König Salomo sich Werkleute erbat vom Könige Hiram von Tyrus zum Bau der Stiftshütte und zur Herstellung grossartiger Erzwerke. Unter vielen anderen in Bronzeguss ausgeführten

46

Gegenständen sind dort genannt zwei eherne Säulen von 18 Ellen Höhe und 12 Ellen Umfang mit Knäufen von 5 Ellen Höhe, dann das gewaltige "eherne Meer" von 10 Ellen Weite und 5 Ellen Höhe, das auf 12 ehernen Rindern ruhte.

Bei dem lebhaften Handelsverkehr, den die Phönizier mit Aegypten unterhielten, darf wohl ohne weiteres angenommen werden, dass auch ihnen dasselbe Formverfahren bekannt war, das man im Nillande so meisterhaft zu üben verstand.

Den untrüglichen Beweis, dass bereits im Anfange des ersten vorchristlichen Jahrtausends auch in den n ö r d l i c h e n   M i t t e l m e e r l a n d e n   das Wachsausschmelzverfahren geübt wurde, hat Schliemann durch seine Ausgrabungen in T r o j a erbracht.

Unter den Funden Schliemanns, die z. Z. im Berliner Völkermuseum aufgestellt sind, befindet sich auch eine für den Guss nicht benutzte, zweifellos im Wachsausschmelzverfahren hergestellte Axtform, deren Bedeutung man erst erkannte, nachdem sie der Länge nach auseinandergesägt war.[13]

Den griechischen Stämmen blieb es vorbehalten, künstlerisch und technisch wohl das Höchste zu leisten, das mit Hilfe des Wachsausschmelzverfahrens zu schaffen überhaupt möglich ist. Doch Funde und schriftliche Berichte lassen annehmen, dass erst etwa um 600 v. Chr. die Giesskunst einen höheren Aufschwung genommen hat.

Die Griechen glaubten sogar als Erfinder der Bronzegiesskunst bestimmte Meister, die Samier Rhoikos und Theodoros, namhaft machen zu können; möglich wäre ja, dass diese Künstler das Formen und Giessen plastischer Arbeiten in G r i e c h e n l a n d eingeführt haben. Die oft mythischen Darstellungen griechischer Historiker über die Anfänge des Kunstschaffens sind als entscheidend in solchen Fragen gewiss nicht anzusehen. Die wichtigsten und zuverlässigsten Nachrichten über die kunsttechnischen Fähigkeiten der frühen griechischen Zeit danken wir dem Dichter der Ilias und Odyssee. Zur Zeit Homers, im Beginn des letzten vorchristlichen Jahrtausends, hatte man es in Griechenland auf dem Gebiete des Kunstgusses sicherlich noch nicht weit gebracht, denn so eingehend der Dichter über die mannigfachsten Metallarbeiten berichtet, von Gusswerken spricht er kaum.

Zweifellos fest steht jedoch, dass man seit dem 6. Jahrhundert v. Chr. in Griechenland wahre Wunder der Giesskunst geschaffen hat, und wenn auch aus dieser Zeit Berichte über die Art der Herstellung der Bronzewerke nicht bekannt sind, so lässt doch wieder die Untersuchung der erhaltenen Denkmäler darüber nicht im Zweifel. Griechische Gusswerke, deren Oberfläche nicht durch eine zu starke Oxydation die Beurteilung erschwert, lassen mit Sicherheit erkennen, dass sie im Wachsausschmelzverfahren hergestellt sind. Auch hier wie in allen anderen Fällen sind als kaum trügendes Merkmal die Spuren der Kernstützstäbchen anzusehen.

Das Wachsausschmelzverfahren gestattet es auch, sehr grosse Bildwerke in einem Guss, also ungeteilt herzustellen. Obschon nun die erhaltenen Denkmäler ersehen lassen, dass die griechischen Giessmeister ihre Kunst in höchster Vollkommenheit beherrschten, dass sie ein vorzügliches Formmaterial besassen und Metallmischungen herzustellen wussten, mit deren Hilfe die denkbar geringste Wandungsstärke bei grosser Dichtigkeit und Festigkeit erreichbar war, so scheinen sie doch stets auch mittelgrosse Figuren in mehreren Teilen geformt und gegossen zu haben, die nachher fast unmerkbar aneinander gefügt wurden. Kopf, Arme, auch Beine, wurden in der Regel für sich hergestellt. Bei einem Guss im Ganzen würde der Ersatz eines fehlgegossenen Teiles naturgemäss weit grössere Schwierigkeiten bereitet haben.

Abb. 8. Thürflügel, Dom zu Hildesheim.

Jahrhunderte lang hat in Griechenland die Erzgiesskunst geblüht. Welch gewaltigen Eindruck die bronzenen Bildwerke auf Zeitgenossen und Nachwelt gemacht haben müssen, davon zeugen noch viele Berichte aus dem Altertum.

Auch in I t a l i e n hat die Erzplastik schon früh geblüht. Dem technisch erfahrenen Volk der E t r u s k e r rühmt man nach, dass es schon um das Jahr 1000 v. Chr. die Bronze als Gussmaterial verwendet habe. Tausende von Erzstatuen sollen sich in späterer Zeit in den reichen etruskischen Städten befunden haben.

Unter dem Einflusse der Etrusker und der in grosser Zahl in Italien angesiedelten Griechen entwickelte sich die Kunst in dem allmählich zur Weltmacht heranreifenden R o m. Auch hier hat der Bronzekunstguss in hoher Blüte gestanden, allein Griechen scheinen vor allem die ausübenden Meister auf diesem Gebiet gewesen zu sein.

Obschon nun Plinius ziemlich ausführliche Berichte über die Verwendung des Kupfers und seiner Legierungen giebt; über die angewendeten Formverfahren giebt er keinen Aufschluss. Dass jedoch auch in römischer Zeit das Wachsausschmelzverfahren vorherrschend blieb, darf für alle komplizierter gestalteten, insbesondere die figürlichen Werke, ohne weiteres angenommen werden.

Ein grosses Erzwerk aus spätrömischer Zeit darf hier nicht unerwähnt bleiben, weil es als das älteste bis in unsere Zeit erhaltene grosse Reitermonument das Vorbild für zahllose gleichartige Denkmäler späterer Jahrhunderte geworden ist: der Marc Aurel auf dem Kapitol in Rom (Abb. 7).

Welche Rolle die Bronze schon in vorgeschichtlicher Zeit auch im n ö r d l i c h e n E u r o p a gespielt hat, ist allgemein bekannt. Wann aber diese Metalllegierung an die Stelle des primitiveren Steinmaterials getreten ist, und wie weit die Gewinnung und Bearbeitung im Lande selbst geschah, ist eine durchaus noch nicht völlig gelöste Frage. Zweifellos setzen die in nordischen Landen gefundenen Bronzearbeiten eine hochentwickelte Gusstechnik voraus und die Annahme, dass seefahrende Mittelmeervölker, vielleicht die Etrusker, die fertigen Gegenstände dorthin verhandelt haben, gewinnt dadurch an Wahrscheinlichkeit.

Nachdem der die Länder Europas durchtobende Sturm der Völkerwanderung sich gelegt hatte, versuchte man zunächst in B y z a n z die künstlerischen und vor allem die technischen Ueberlieferungen der Antike weiter zu pflegen.

Im 5. Jahrhundert n. Chr. wurde im Auftrage des Papstes Leo I. eine beinahe lebensgrosse sitzende Figur des Apostels Petrus von einem byzantinischen Künstler in Bronze gegossen. Im 6. Jahrhundert soll Kaiser Justinian einem Römer Eustachius den Auftrag zum Guss einer Säule mit seinem Reiterstandbild in kolossaler Grösse erteilt haben.

In Barletta in Apulien ist noch eine sehr grosse formlose Bronzestatue erhalten, die im 7. Jahrhundert von dem Griechen Polyphobos in Konstantinopel gegossen wurde und die den Kaiser Heraclius darstellen soll.

Auch im westlichen Europa ist zweifellos seit der Antike die Ausübung der Giesskunst, und, wie angenommen werden darf, auch die Kenntnis des Wachsausschmelzverfahrens, nie unterbrochen worden. Wenn man sich zuerst vielleicht allein auf die Herstellung von Bronzegegenständen beschränkt haben wird, die dem praktischen Gebrauche dienten, so wird doch berichtet, dass bereits im 7. Jahrhundert in St. Hilaire zu Poitiers ein ganz hervorragendes Gusswerk vorhanden gewesen sei: ein Lesepult, das aus einem Adler auf einem mit den Evangelistengestalten geschmückten Sockel gebildet war.

Abb. 9. Bernwardssäule, Hildesheim.

Unter Kaiser Karl d. Gr. entstanden auch in

D e u t s c h l a n d die ersten grösseren Erzgusswerke.

Einhard berichtet uns von der Giesshütte, die der Kaiser in Aachen hatte errichten lassen; und es ist durchaus wahrscheinlich, dass die noch im Aachener Münster erhaltenen Thüren und Gitter jener Werkstatt entstammen. Möglich ist auch, dass die kleine aus dem Metzer Dome stammende, jetzt in Paris befindliche viel umstrittene Reiterstatuette des Kaisers Karl in der Aachener Giesshütte ausgeführt wurde.

Gewaltige Bronzegusswerke neben köstlichen kleineren Erzarbeiten sind im 11. Jahrhundert in Deutschland ausgeführt worden. Wenn auch zunächst Monumente zur Aufstellung auf öffentlichen Plätzen nicht geschaffen wurden, die grossartigen zur Zierde der Gotteshäuser bestimmten Werke sind jenen in dieser Zeit gleich zu rechnen und die dabei angewendeten Herstellungsverfahren sind darum etwas näher zu betrachten.

Hildesheim war unter dem grossen im Jahre 1022 gestorbenen Bischof Bernward die hohe Schule der Kunst, nicht nur für die deutschen Lande, hier entstanden auch die ersten im höchsten Sinne monumentalen Werke deutscher Erzgiesskunst.

Mit staunender Ehrfurcht betrachten wir noch heute dort die Zeugen jener grossen Zeit: die im Jahre 1015 gegossenen riesenhaften Thürflügel im Dome (Abb. 8), die bekanntlich in Anlehnung an die Trajanssäule im Jahre 1022 entstandene erzene Bernwardssäule (Abb. 9) und die ebenfalls in Hildesheim erhaltenen künstlerisch und technisch gleich wertvollen Altargeräte.

Dass bei allen diesen Werken das Wachsausschmelzverfahren Anwendung gefunden hat, ist ziemlich unzweideutig zu erkennen. Schriftliche Nachrichten fehlen leider auch für diese Werke, allein der wenig jüngere Theophilus giebt uns doch genaue Beschreibungen verschiedener Formungs- und Giessverfahren, die gleichartig auch bei den Hildesheimer Arbeiten angewendet sein dürften.

Die von Theophilus beschriebene Einformung eines Rauchfasses ist hier zunächst von Interesse, als Beispiel des Verfahrens, das bei allen komplizierter gestalteten, insbesondere hohlen Gussstücken damals angewendet sein wird. Der kunstgeübte Mönch beschreibt das Wachsausschmelzverfahren genau in der vorher (S. 19ff.) besprochenen Ausführungsweise, nur Einzelheiten aus den Angaben des Theophilus seien hier noch einmal hervorgehoben. Um eine geeignete Masse für den Formkern und den Formmantel zu erhalten, sagt er: "Nimm mit Mist gemischten und gut gemahlenen Thon, lasse ihn an der Sonne trocknen, den getrockneten mache klein und siebe ihn mit Sorgfalt, den gesiebten dann vermische mit Wasser und verreibe ihn tüchtig..." Von der den Kern umschliessenden Wachsschicht, der künftigen Metallstärke, sagt er ausdrücklich: "siehe zu, dass das Wachs an keiner Stelle dicker, noch dünner sei, als an den übrigen." Ganz besonderen Wert legt er auf das sorgfältige Ausglühen der Form. Auf alles weist er in seiner schlichten Weise den Unkundigen hin, so dass man sehr wohl nach seinen Angaben zu arbeiten vermöchte.

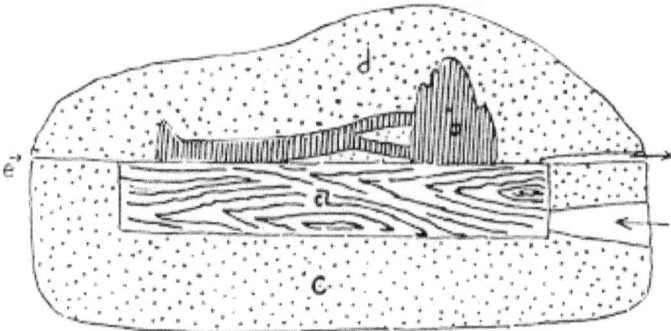

Abb. 10. Formschema, s. unten.

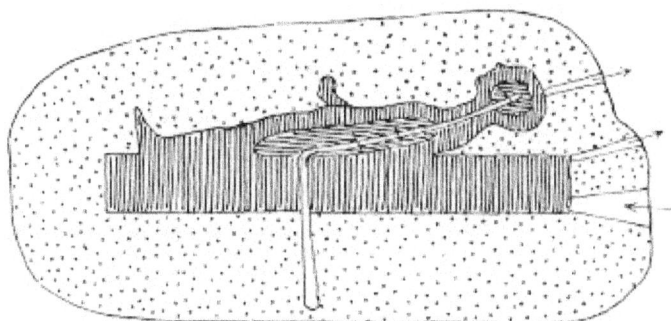

Abb. 11. Formschema, s. S. 28.

Das von Theophilus für die Herstellung einer Glocke anzuwendende Formverfahren würde kaum in den Rahmen des hier zu behandelnden Gebietes hineinfallen, wenn man nicht auch darin nur das Beispiel einer zweiten in geeigneten Fällen anzuwendenden Formungsmöglichkeit erblicken müsste.

Die ausführliche Beschreibung der Glockenformerei, wie sie Theophilus giebt, soll hier übergangen werden, die Anwendung auf eine andere Aufgabe, bei der ähnliche Formungsschwierigkeiten zu überwinden sind, wie sie bei kunstreich verzierten Glocken sich einstellen, möge gestattet sein.

Wenn es sich z. B. um den Guss eines grossen, aussen reich mit Figuren verzierten Taufbeckens handelt oder um den Guss eines grossen Thürflügels, dann wird man bei der Herstellung des Gussmodells, besonders der Kostbarkeit des Wachses wegen, bestrebt sein, seine Verwendung nach Möglichkeit einzuschränken und soweit es angängig ist, statt dessen sich billigerer Stoffe zu bedienen.

Abbildung 10 sei ein Stück des zu giessenden Thürflügels im Querschnitt, a sei die Rückplatte, auf der einerseits

Gestalten voll vortreten, und wie in der Skizze angenommen ist, z. B. auch ein Baum plastisch dargestellt ist. Die Platte mit allen darauf liegenden bildlichen Darstellungen könnte nun nach dem bekannten Verfahren in Wachs modelliert und geformt werden. Kaum schwieriger wird aber das Verfahren, wenn die Platte a z. B. in Holz hergestellt wird, und dann auf diesem Grunde alle vortretenden unterschnittenen Teile in Wachs modelliert werden. Man würde dann statt einer völlig geschlossenen nur eine zweiteilige Form herzustellen haben. Zunächst würde die Platte a bis zu ihrer Oberkante mit Formlehm zu umhüllen sein, die Schnittfläche e würde dann mit einer dünnen Staubschicht (z. B. Holzkohlenpulver) zu bedecken sein, die das Anhaften der oberen, in der früher gekennzeichneten Weise aufzutragenden, Formhälfte d verhindert. Ist diese zweiteilige Form vorsichtig getrocknet, so kann sie auseinander genommen werden. Der untere Formteil kann ohne weiteres abgehoben werden, dann kann auch die Platte a von dem sie haltenden Wachs abgelöst und darauf die obere Formhälfte d erwärmt werden, so dass die in Wachs modellierten Teile herausschmelzen. Werden nun die beiden Formteile weiter getrocknet und ausgeglüht, dann ist es nur noch notwendig, sie in richtiger Lage wieder zusammen zu fügen — was ermöglicht wird z. B. durch Stifte im unteren Formteile, die in Löcher des oberen eingreifen — eine Eingussöffnung und Luftkanäle anzubringen, und die Form ist für den Guss vorbereitet.

Abb. 12. Taufbecken, Dom zu Hildesheim.

Abb. 13. Löwe, Braunschweig.

Angenommen ist hier, dass alle vortretenden, in Wachs modellierten Teile massiv gegossen werden sollen, notwendig ist das nicht, sehr wohl können den kräftigeren Teilen Kerne eingefügt werden. In der beigefügten Skizze (Abb. 11), in der das Gussmodell völlig aus Wachs bestehend gedacht ist, sind die Kerne mit dem sie tragenden Eisenstabe eingezeichnet. Fest steht, dass man sich auch diesen Vorteil zu nutze zu machen verstand. Ausdrücklich unterrichtet werden wir darüber in einer französischen Schrift des 13. Jahrhunderts, dem "Livre des établissements des métiers de Paris", des 1269 verstorbenen Etienne Boyleaux. Dort wird ein Besuch in der Giesserwerkstatt des

Meisters Alain Le Grant geschildert.

Der Künstler modelliert einen grossen Kirchenleuchter in braunem Wachs und giebt die nötigen Erklärungen, die in mancher Beziehung von hohem Interesse sind. Er sei in Brabant, in der Bourgogne, in Deutschland und Italien gewesen, dort gäbe es tüchtige Giesser und ihre Arbeit würde nach Verdienst gewürdigt. In Frankreich verlange man überladene Arbeiten und wolle sie nicht entsprechend bezahlen, deshalb würde Pfuscherarbeit geliefert, an der die Fehlstellen mit Zinn ausgebessert seien, doch man merke nichts davon, das Verständnis fehle.

An dem Kronleuchter, den er in Arbeit habe, würde jeder der sechs Arme in einem Gusse hergestellt. Zunächst werde in Wachs ein tadelloses Modell gemacht, die dicken Teile enthielten Kerne aus Erde mit gefaultem Stroh, die nachher aus den für diesen Zweck in der Metallwandung ausgesparten Löchern entfernt würden.

Die übrigen Angaben über die Herstellung des Formmantels decken sich mit denen des Theophilus.

Neben zahlreichen, zum Teil köstlichen erzenen Thürflügeln, Grabplatten, Taufbecken (Abb. 12), Kronleuchtern und kleinerem Kirchengerät entstehen auch in der ersten Hälfte des zweiten nachchristlichen Jahrtausends bereits grosse freiplastische Bronzewerke, deren einige auf öffentlichen Plätzen Aufstellung fanden: im Dome zu Erfurt die fast lebensgrosse Figur eines Leuchterträgers[14], der im Jahre 1166 aufgestellte Löwe vor der Burg Dankwarderode in Braunschweig (Abb. 13) und das Reiterbild des Drachentöters St. Georg auf dem Hradschin in Prag, von Martin und Georg Klussenbach 1373 ausgeführt (Abb. 14).

Während nun besonders in Niederdeutschland fast allerorten mehr oder minder bedeutsame Gusswerke geschaffen wurden, scheinen in anderen Ländern in der Zeit vor dem 14. Jahrhundert nur wenige grössere Arbeiten der Art entstanden zu sein. Die tüchtigen Leistungen der Giesserwerkstätten im Maasgebiet, vor allem in D i n a n t, dürften noch am ersten hervorzuheben sein. Wenn auch wohl einfachste handwerkliche Arbeiten den weiten Ruf dieser Stadt begründeten, sind doch Werke wie der grosse Taufkessel vom Jahre 1112 in St. Barthélemy in Lüttich den besten Gussleistungen deutscher Künstler dieser Zeit gleichwertig an die Seite zu stellen. Weder Italien noch Frankreich, England und die übrigen europäischen Länder haben ähnlich bedeutende Werke gleichen Alters aufzuweisen.

Abb. 14. St. Georg auf dem Hradschin in Prag.

Fußnoten:

[13] Abgebildet im Katalog der Schliemann-Sammlung Nr. 6768a. b. und in "Troja-Ilion" Beil. 46 Nr. VIIIa.

[14] Abbildung und nähere Angaben in: Bau- und Kunstdenkmäler der Provinz Sachsen, Heft XIII, S. 82ff.

III. Das Wachsausschmelzverfahren vom 14. bis zum 19. Jahrhundert.

Zeitlich zunächst entstehen in I t a l i e n gussplastische Werke, die auch die früher geschaffenen deutschen Schöpfungen hinter sich lassen und für alle Zeiten ein Ruhmestitel in der Kunst jenes Landes sind.

Die in den Jahren 1330–1335 für das Baptisterium in Florenz von Venetianer Giessern ausgeführte Bronzethür des Andrea Pisano (Abb. 15) muss in Italien als das erste bedeutsame Beispiel bezeichnet werden, die Gusstechnik im Grossen anzuwenden; die wenig älteren Erzgussarbeiten am Brunnen in Perugia, am Dom in Orvieto u. a. m. sind dem gegenüber von geringerer Bedeutung. Erst mit dem 15. Jahrhundert beginnt dort eine neue Aera des Kunstgusses.

Wiederum ist es eine grosse Bronzethür, die die Erzplastik des 15. Jahrhunderts einleitet, die 1403 von Ghiberti begonnenen Flügel für das Florentiner Baptisterium (Abb. 18, S. 33). Genauere Nachrichten über das angewendete Formverfahren sind über diese Thürflügel so wenig bekannt, wie über das zweite am gleichen Ort befindliche, von demselben Künstler ausgeführte viel berühmtere Flügelpaar (Abb. 20, S. 35), von dem Michelangelo gesagt haben soll, sie seien würdig, die Pforten des Paradieses zu schmücken. Und ebensowenig sind gleichzeitige nähere technische Angaben erhalten über die anderen glänzenden Leistungen der italienischen Giesskunst des 15. Jahrhunderts. Zweifellos fest steht aber, dass das Wachsausschmelzverfahren angewendet wurde, nur über die Art der Ausführung der Form können in Einzelheiten Zweifel bestehen.

Seit dem 16. Jahrhundert mehren sich aber in Italien die technischen, gerade die Herstellung der Form berücksichtigende Abhandlungen.

In der bereits angeführten Schrift De sculptura (1504) schreibt Gaurikus: »Unter "Form« verstehen wir nun aber, was vom Wachse seine Gestalt empfängt, sie beibehält und schliesslich getreu wiedergiebt. Dabei kommt es vorerst auf die Beschaffenheit des Thones an, der nicht zäh, nicht erdig, nicht unrein sein darf. Dann wird er geweicht, zu gleichen Teilen so lange mit Stopfwerk oder Pferdedünger durchgearbeitet, bis davon nichts mehr zu unterscheiden ist, wobei man bisweilen Asche oder Ziegelstaub zusetzt. Er wird getrocknet, abgekratzt, durchgesiebt und mit Wasser begossen, dass er wieder lehmig wird, nicht zu hart und nicht zu weich. Ich würde sagen, was beim ersten, beim zweiten und beim dritten Ueberstreichen zu beachten ist, wie die Formen zuletzt mit eisernen Bändern zusammenzuhalten, wie sie zu dörren und in die Erde zu graben sind, wenn ich nicht absichtlich lieber wollte, dass Ihr das sähet, anstatt es zu hören."

Abb. 15. Thür des Andrea Pisano, Florenz, Baptisterium.

Gaurikus spricht auch von der Formerei in Pulver —
unserem "fetten" Sande oder der sogenannten "Masse"
entsprechend — doch da er Angaben über die Art der
Verwendung unterlässt, ist die Auskunft von geringem
Belang.

Abb. 16. Benv. Cellini, Perseus-Monument in der
Loggia dei Lanzi zu Florenz.

Abb. 17. Benv. Cellini, Sockel zum Perseus-Monument.

Zwar etwa ein halbes Jahrhundert jünger, doch von ungleich höherer Bedeutung sind für uns die Nachrichten des Benvenuto Cellini (1500–1571), die sich auf die Einformung und den Guss noch erhaltener Erzwerke beziehen. Insbesondere beschreibt Cellini die Ausführung des in der Loggia dei Lanzi in Florenz stehenden Perseus-Monumentes (Abb. 16 u. 17).

Das Wachsausschmelzverfahren ist dabei angewendet, jedoch in einer Art, die von der des Theophilus besonders dadurch abweicht, dass das in Thon oder Gips vorhandene Modell, ohne es zu zerstören, mechanisch in Wachs übertragen wird, so dass im Falle eines sich etwa ergebenden Fehlgusses, die Herstellung einer zweiten Form mit geringeren Schwierigkeiten verbunden ist. Ob dieses Verfahren bereits im 15. Jahrhundert in Italien angewendet wurde, ist mit unbedingter Sicherheit nicht zu entscheiden.

67

Durch erhaltene Briefe Cellinis, in denen er sein Verfahren als ein neues bezeichnet, dürfte die Annahme, dass es doch bereits länger geübt wurde, kaum widerlegt sein — das Verfahren des Theophilus wurde neben dem von Cellini beschriebenen noch Jahrhunderte lang auch von Cellini selbst weiter gepflegt.

Abb. 18. Erste Thür Ghibertis, Florenz, Baptisterium.

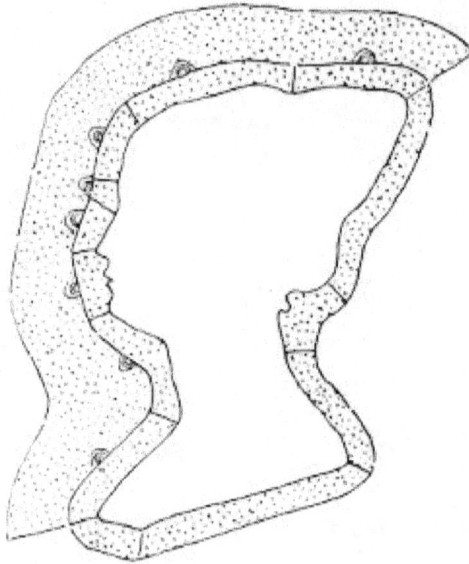

Abb. 19. Formverfahren Benv. Cellinis (a). (Schema.)

Die von Cellini angewendete, ohne weiteres schwer
verständliche Art der Formung, soll mit Hilfe von
beigegebenen Skizzen zu verdeutlichen versucht werden.
Cellini schreibt: ”Modelliere die Statue, welche du giessen
willst, aus mit Scherwolle gemischter, dann der Verwesung
überlassener Erde und bringe dies Modell in allen
Verhältnissen und Formen der schönen Vollendung, die du
an dem ausgeführten Werke zu sehen wünschest, so nahe
wie möglich. Die Kunst verlangt, dass, wenn du Gutes
leisten willst, solches nicht nur am frischen, sondern auch
am trockenen Modell der Fall sei. Zum Zweck des
Abformens mit Gips wird letzterem nun ein Ueberzug von
Maler-Staniol gegeben: Man schmilzt Wachs und Terpentin
zu gleichen Teilen in einem Kessel und streicht das siedende
Gemisch mit einem Borstenpinsel ganz behutsam auf das
Modell, indem man dabei wohl acht giebt, Muskeln, Adern,
oder andere feine Einzelheiten nicht zu zerstören. Darüber
lassen sich dann die Staniolblättchen aufs beste aufkleben.

Sie bestehen aus äusserst dünngeschlagenem Zinn, wie es die Maler hin und wieder anwenden, z. B. wenn sie Waffen auf Leinwand malen. Nachdem die ganze Figur nun noch mit Oel gesalbt worden, lassen sich die Hohlformen mit Leichtigkeit darüber nehmen.... Letzteres geschieht auf verschiedene Weise, die schönste aber, die mir vorgekommen ist, und deren ich mich meistens bedient habe, besteht darin, die Form thunlichst in mehrere Stücke zu zerlegen, deren Zahl und Lage sich nach den frei vom Rumpfe abstehenden Teilen, wie Armen, Beinen und dem Kopf richtet. Diese einzelnen Formstücke müssen mit grösster Sorgfalt hergestellt werden; während der Gips noch weich ist, steckt man in jedes von ihnen einen doppelten Eisendraht, der um soviel aus der Masse vorragt, dass man daran, wie an einem Ringe, einen Bindfaden befestigen kann. Wenn der Gips sich verhärtet hat, muss man versuchen, ob jedes einzelne Formstück sich gut abheben lässt, ohne dass die Feinheiten des Werkes beschädigt werden; ist dies der Fall, wird es wieder genau an seinen Platz gebracht und das nächste Formstück möglichst nahe am vorigen genommen, damit der Guss nicht durch leere Zwischenräume fehlerhaft ausfalle. So werden sämtliche Formstücke zunächst von der einen Hälfte der Figur genommen, d. h. der Hälfte der Länge nach,... hierbei sind etwaige Unterhöhlungen wohl zu beachten, überhaupt die Formstücke so zu verteilen, dass sie wieder zusammengefügt den Ueberguss eines zusammenhängenden, in einem Stücke abhebbaren Gipsmantels von zweier Finger Dicke gestatten. Bevor letzteres geschieht, muss man die aus den Gipsstücken vorstehenden Ringe von Eisendraht mit etwas Thon umgeben, so dass sie nachher beim Abheben der Hülle nicht hinderlich werden. Danach salbe man die Aussenfläche sämtlicher Formstücke, welche die Gipshülle bekleiden soll, aufs beste mit Oel, damit diese sich nach Erhärtung des Gipses leicht abheben lasse. Hat man einmal versucht, ob dies geht, bringt man die Stücke wieder an ihren Ort in dem Mantel und verfährt auf dieselbe Weise mit der zweiten hinteren Hälfte der Figur."

Abb. 20. Zweite Thür Ghibertis, Florenz, Baptisterium.

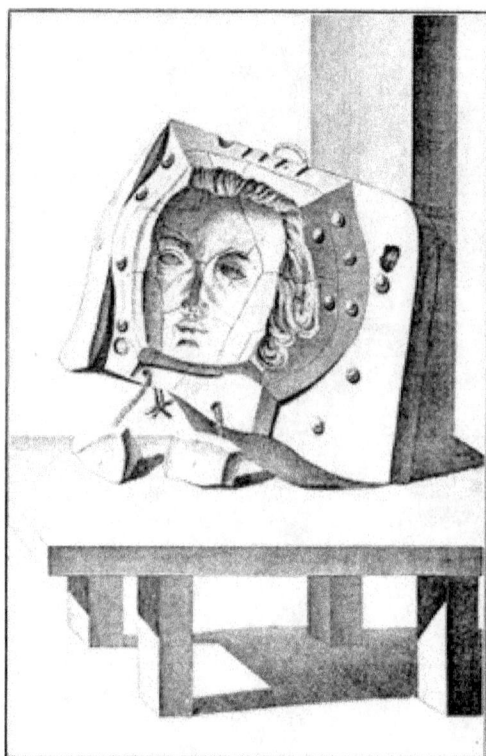

Abb. 21. Vielteilige Gipsform über einem Kopfe (nach
Mariette, s. oben).

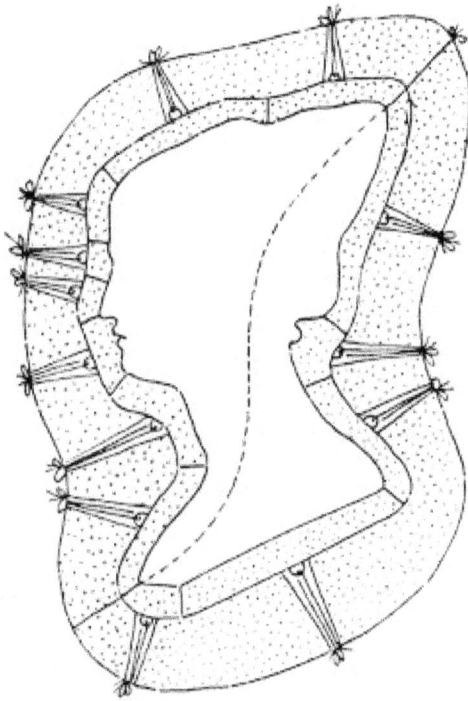

Abb. 22. Formverfahren Benv. Cellinis (b). (Schema.)

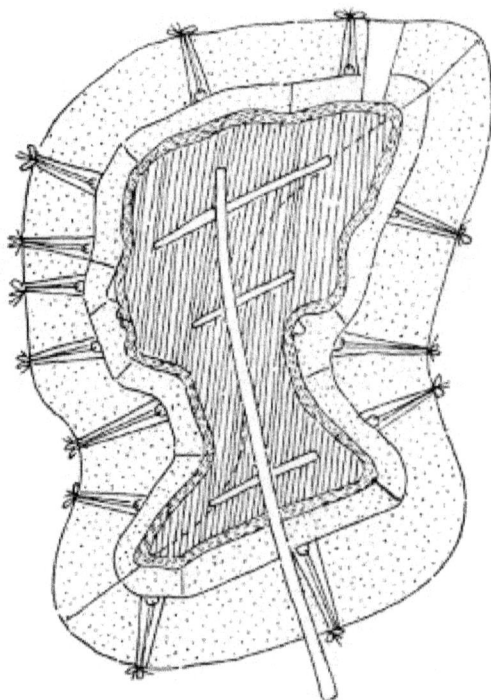

Abb. 23. Formverfahren Benv. Cellinis (c). (Schema.)

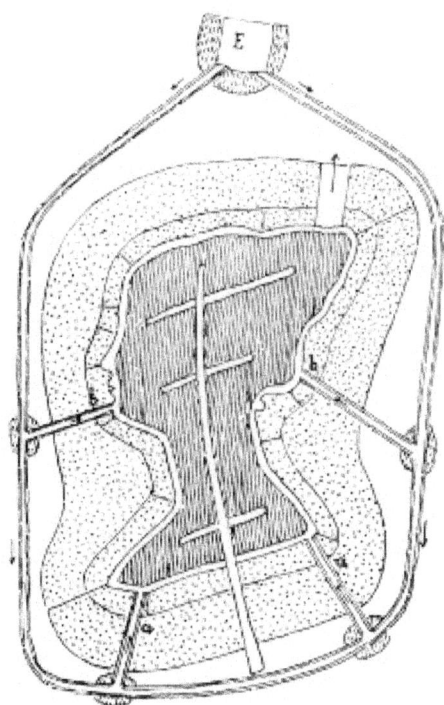

Abb. 24. Formverfahren Benv. Cellinis (d). (Schema.)

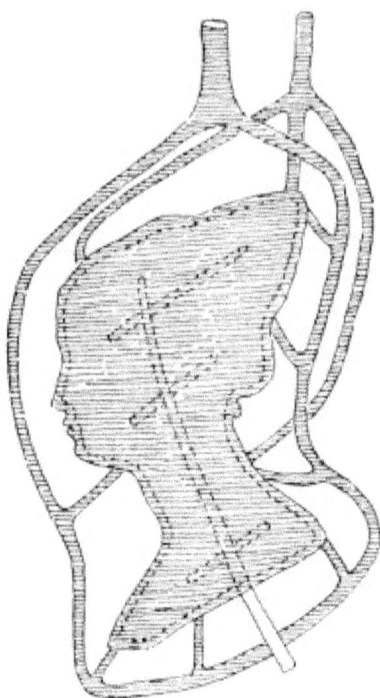

Abb. 25. Formverfahren Benv. Cellinis (e). (Schema.)

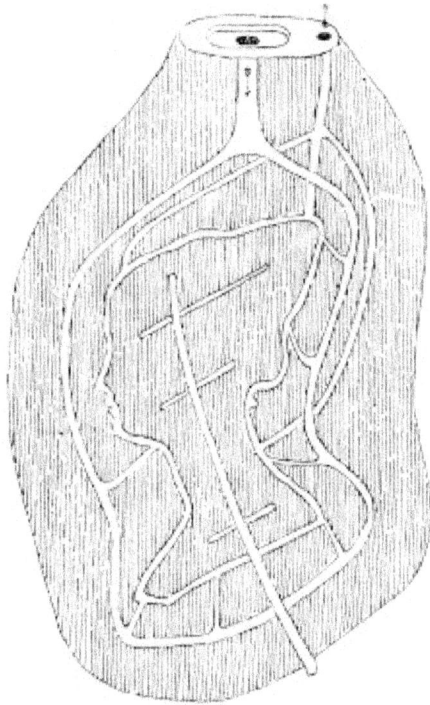

Abb. 26. Formverfahren Benv. Cellinis (f). (Schema.)

Abb. 27. Ghiberti, Johannes d. T., Florenz, Or San
Michele.

Abb. 28. Ghiberti, Matthäus, Florenz, Or San
Michele.

Abb. 29. Donatello, Denkmal des Gattamelata in
Padua.

Abb. 30. Verrocchio, Brunnen im Pal. Vecchio zu
Florenz.

Abb. 31. Verrocchio, Christus und Thomas, Florenz,
Or San Michele.

Abb. 32. Verrocchio, Denkmal des Colleoni, Venedig.

Diese erste, vorbereitende Stufe bei der Herstellung der Metallgussform möge zunächst an einigen Abbildungen verdeutlicht werden. Die Formarbeit bleibt im ganzen dieselbe, wenn an Stelle einer ganzen Figur — wie Cellini annimmt — z. B. nur ein Kopf gegossen werden soll.

Wenn das Thonmodell bereits fertig und in der beschriebenen Weise mit Maler-Staniol überzogen ist, handelt es sich zuerst darum, eine Gipshohlform herzustellen, die nur dazu dienen soll, das für das Wachsausschmelzverfahren vorbereitete Wachsmodell auf mechanischem Wege zu erhalten.

Man wird an einer Stelle des Kopfes beginnen, Gipsbrei aufzutragen in einer Stärke, die sich nach der Grösse des Modells richtet. Vor dem Erstarren der Gipsmasse wird man die Aussenfläche abschlichten und die Drahtöse hineindrücken. Nachdem der Gips hart geworden ist, wird man ihn vom Modell abheben, meist senkrecht zur Innenfläche gerichtete Seitenflächen mit einem Messer anschneiden und das nun fertige Teilstück ölen. Nachdem es wieder genau seinen Platz am Modell erhalten hat, trägt man daneben wiederum Gipsbrei an und verfährt damit in gleicher Weise. Jedes Teilstück wird man möglichst gross nehmen, doch stets so, dass es Rundungen nur so weit bedeckt, als es abhebbar bleibt. Vor allem aber muss auf voll unterschnittene Teile am Modell Rücksicht genommen werden; am Kopf könnte das beispielsweise eine Locke sein. Man kann da auf verschiedene Weise vorgehen. Entweder wird man die Unterschneidung ausfüllen, ohne weiteres ist dann darüber zu formen. Doch da die Unterschneidung dann an dem künftigen Einguss — in diesem Falle Wachs — ebenfalls fehlen würde, müsste sie nachträglich hergestellt werden. Oder der voll unterschnittene Teil kann von vornherein vom Modell abgetrennt werden, in der Gipsform und am Einguss würden dann nur die Trennflächen zum Ausdruck kommen, an die — vorausgesetzt, dass es sich wieder um Wachs handelt — leicht das abgetrennte, für sich modellierte oder geformte Stückchen angesetzt werden kann.

Schliesslich ist auch, wenn nicht zu viele voll unterschnittene Teile dicht nebeneinander vorhanden sind, die Schwierigkeit der Einformung nicht gross. Man wird die Formstücke nur derart trennen müssen, dass sie die ösenartige Unterschneidung von den Seiten je zur Hälfte bedecken.

Ist nun die eine Kopfseite, z. B. die vordere, in der

angegebenen Weise mit dicht aneinanderschliessenden Formstückchen aus Gips bedeckt, dann werden, wie Cellini angiebt, die Drahtösen mit Thonklümpchen bedeckt und sämtliche aufs beste mit Oel getränkten Teilstücke mit einer zweiten Gipslage überkleidet (Abb. 19 u. 21). Diese Lage wird nach dem Erstarren abgehoben und an den Stellen, die durch die Eindrücke der Thonklümpchen gezeichnet sind, mit Löchern versehen.

Nachdem dann auch die andere Kopfhälfte in derselben Weise eingeformt ist und der Gips "den grössten Teil seiner Feuchtigkeit verloren hat", werden die Formstückchen einzeln vom Modell abgehoben und nebeneinander in dem äusseren Gipsmantel befestigt, indem man Fäden, die durch die Drahtösen gezogen sind, ausserhalb der Löcher des Mantels mit Hilfe kleiner Holzknebel verknotet. Werden dann die beiden Mantelhälften mitsamt den einliegenden Formstückchen vereinigt, so erhält man die Hohlform des Kopfes (Abb. 21, 22).

In gleicher Weise würde bei einer ganzen Figur verfahren werden. Die Gipshohlform dient nun als Grundlage für die weitere Herstellung der hitzebeständigen Metallgussform.

Der einfacheren Handhabung wegen und um alle Tiefen der Gipsform leicht erreichen zu können, zerlegt man sie wieder in ihre Hauptteile, dann giesst man, wie Cellini weiter beschreibt: »ein wenig feines Fett in ihre Höhlung, in welche alsdann eine Schicht Wachs, Thon oder Nudelteig (woher dies Verfahren auch das "Nudeln« heisst) eingedrückt wird. Zu diesem Zwecke schneidet man in ein Stück Holz eine Höhlung von der Grösse der Handfläche und der Tiefe eines guten Messerrückens, auch mehr oder weniger tief, je nach der Stärke, welche man dem Gusse geben will. In diese Art von hölzerner Form füllt man (in gleichmässiger Dicke) den Teig, nimmt ihn dann heraus und drückt ihn so in die Hohlform aus Gips, dass ein Stück das andere genau berührt. Ist auf diese Weise die Form von oben bis unten damit überzogen, legt man ihre Hälften nebeneinander auf den Boden und macht ein Gerüst aus Eisen, welches dadurch, dass man den Stangen die Krümmungen des Rumpfes und der Gliedmassen des Modelles giebt, der Statue gleichsam als Gerippe dienen soll. Darüber trägt man dann nach und nach mageren, d. h. mit Scherwolle gekneteten Thon auf, den man ab und zu an der Luft oder am Feuer trocknen lässt, bis endlich das Gerüste die Hohlform vollständig ausfüllt, wovon man sich durch wiederholtes Aneinanderpassen derselben überzeugt. Berührt dieser Formkern überall die Nudelschicht, so wird er wieder herausgenommen, ringsum von oben bis unten mit feinem Eisendraht umwunden und so lange starker Hitze ausgesetzt, bis er gebrannt ist. Ist dies geschehen, so bestreicht man ihn mit einem ganz feinen Brei aus mit Scherwolle gemischter Erde, Ziegelpulver und gestossenen Knochen, worauf durch nochmaliges Erhitzen auch dieser Ueberzug gebrannt wird. Hat man dann nach Entfernung der Nudelschicht die Form innen mit dem allerfeinsten Speck dünn eingerieben — und zwar mit erwärmtem, weil dieser besser in den Gips einzieht —, sind dann auch die Eingussröhren für das Wachs angebracht, so befestigt man mittels einiger Eisenstangen, die man vom Gerüste des Kernes hat herausragen lassen, Hohlform und Kern wechselseitig derart, dass sie sich gegeneinander nicht verrücken können. Hat man die Hüllen recht fest miteinander verbunden, so richtet man die Statue auf und bringt zum wenigsten noch vier Luftkanäle an; je mehr ihrer sind, desto sicherer wird die Füllung der Form mit Wachs vor sich gehen. Zwei der Luftkanäle werden an den Händen angebracht, zwei andere an den tiefsten Stellen der Füsse. Um sich diese Arbeit zu erleichtern, stellt man die Form auf eine erhöhte Unterlage, bohrt mit grosser Vorsicht ein Loch in schräger Richtung nach unten, ohne dass irgend Unreinigkeiten in das Innere der Form gelangen, steckt in das Loch Stücke Schilfrohr, die man mit Verständnis aufwärts biegt und, Rohr an Rohr, zu einer an der Statue emporsteigenden Röhre verbindet. Ist so bei sämtlichen Luftkanälen verfahren, so werden die Stellen, wo zwei Rohrstücke sich aneinander fügen, wie auch die, wo das erste im Loche sitzt, mit etwas feuchtem Thon verschmiert, damit das Wachs keine Lücken zum Herausfliessen finde. Darauf kann man das Wachs heiss und gut geschmolzen einströmen lassen. Wenn nur alle Vorarbeiten, besonders die Anbringung der unteren Luftkanäle, richtig ausgeführt sind, wird die Form sich bei noch so schwieriger Haltung der Figur leicht füllen. Nachdem man die Form einen Tag lang, zur Sommerszeit zwei Tage, sich hat abkühlen lassen, nimmt man die Banden mit grösster Sorgfalt ab und löst alle Fäden, welche die einzelnen Formstücke an ihre gemeinsame Gipshülle befestigen. Deren erste Hälfte wird nun leicht abzuheben sein, weil das Wachs sich während der zweitägigen Ruhe wenigstens um die Dicke eines Pferdehaars zusammengezogen hat. Ebenso entfernt man die zweite Hälfte der Hülle und legt dann beide Teile so auf niedrige Böcke, dass man mit den Händen darunter greifen kann. Nun löst man von der Statue auch alle einzelnen Formenstücke, die vorhin durch Drahtringe und Bindfäden an der Hülle befestigt gewesen, eines nach dem anderen auf das sorgfältigste ab, putzt die Gussnähte sauber fort und überarbeitet die ganze Figur recht gründlich. Dabei lassen sich Einzelheiten und anmutige Zuthaten noch mit leichter Mühe ansetzen."

Auch diese Ausführungen Cellinis bedürfen der begründenden Erklärungen. Zunächst ist auffallend das als "Nudeln" bezeichnete Zwischenverfahren, das man, wie es scheint, zu anderen Zeiten kaum angewendet hat, dem aber gewisse Vorteile kaum abzusprechen sind.

Die Form eines Kopfes diene weiter als Beispiel. Wenn die Gipshohlform vorhanden ist, dient sie zunächst dazu, den Kern zu erhalten, das ist auf verschiedene Weise möglich, das "Nudeln" ist der umständlichste Weg.

In einer gleichmässig vertieften Platte stellt man zuerst dünne Scheiben in einer beliebigen knetbar weichen Masse z. B. Teig, Thon oder Wachs her und legt mit dieser die Gipsform möglichst gleichmässig aus, doch kommt es durchaus nicht darauf an, dass diese Schicht in alle Tiefen gedrückt wird, sie hat ja weiter keinen Zweck, als die Herstellung des Kernes zu erleichtern — den Abstand des Kernes von der Formfläche überall gleich zu erhalten, dann auch die leicht verletzliche Form vor Beschädigung zu schützen. Der Kern aus Thon mit Scherwolle wird, wie Cellini allgemein verständlich beschreibt, über einem Eisengerüst, das in geeigneter Weise gestaltet ist, aufgetragen und allmählich von unten nach oben fortschreitend in die mit der Hilfsschicht ausgelegte Gipsform sorgfältig eingepasst (Abb. 23).

Ist so der ganze Kern fertig gestellt, so wird die Gipsform mitsamt der Hilfsschicht abgehoben und der Kern, nachdem er von oben bis unten mit feinem Eisendraht umwunden ist, geglüht. Um danach wieder dem Kerne eine schlichte Oberfläche zu geben, wird er mit der von Cellini angegebenen Masse dünn überzogen und darauf noch einmal gebrannt.

Wesentlich einfacher ist die Bildung des Kernes, wenn in der Art verfahren wird, die Cellini ebenfalls beschreibt, von der er allerdings sagt, dass sie weniger zuverlässig sei. Dieses Verfahren besteht darin: "den Gusskern der Statuen anstatt aus Thon, aus mit gebrannten Knochen und gepulverten Ziegeln gemischtem Gips herzustellen. Trifft es sich, dass der

Gips gerade von der rechten Sorte ist, so ist dies Verfahren ein leichteres, weil man, anstatt die Ueberzüge einen nach dem anderen von Thon aufzutragen, den mit einer gleichen Menge der erwähnten Zuthaten zu einem Brei angerührten Gips sofort über die in die Hohlform gedrückte Nudelschicht giessen und dort erhärten lassen kann. Dann nimmt man ihn aus der Höhlung, umwickelt den ganzen Kern fest mit Eisendraht, den man nachher wieder recht achtsam mit einem etwas flüssigeren Brei der obigen Mischung, verstreicht. Nun brennt man den Kern wie einen irdenen..."

Wird alsdann über dem verglühten Kerne die Gipsform, aus der nun die Hilfsschicht entfernt ist, wieder zusammengebaut, so entsteht natürlich an Stelle jener Hilfsschicht zwischen Kern und Gipsform ein freier Raum, diesen in allen Feinheiten mit flüssig einzugiessendem Wachs zu füllen, ist die nächste Aufgabe.

Cellini giebt an, wie zu dem Zwecke Röhren anzubringen seien, es bedarf hier nicht der Wiederholung, nur auf das Princip, das gleichartig auch beim Einguss des flüssigen Metalles verfolgt wird, sei kurz hingewiesen. Es kommt beim Einfüllen der erstarrenden Masse darauf an, sie mittels Röhren zunächst in die tiefst gelegenen Teile der Form zu leiten und sie darin gleichmässig ansteigen zu lassen. Nur so ist es zuverlässig erreichbar, die Form in allen Tiefen zu füllen. Die Gefahr der Verstopfung enger Formhöhlungen, ehe sie gänzlich mit Wachs gefüllt sind, wird dann sehr gering; der Luft bleibt hinreichend Zeit zu entweichen.

Nicht ganz klar ersichtlich ist aus der Beschreibung, wie die Röhren angebracht werden sollen. Das einfachste dürfte sein, die Eingusskanäle zwischen den beiden Schichten der Teilform mit Durchbohrung der Innenlage anzuordnen, Schilfrohr wäre dann entbehrlich. Da solches zu Hilfe genommen wurde, muss angenommen werden, dass auch der äussere Gipsmantel durchbohrt wurde und dass von den erhaltenen Oeffnungen aus Schilfröhrchen, die mit Thon gedichtet wurden, an der Aussenwandung der Form hinaufgezogen wurden, etwa wie in der Skizze Abbildung <u>24</u> angegeben ist.

Bei E wird eingegossen, die flüssige Masse strömt zuerst bei a, a in die Form, sobald diese bis b, b gefüllt ist, tritt sie durch die dort mündenden Nebenzweige des Eingussrohres und so fort, wenn noch weitere übereinander angebracht sind. Bei dieser Art der Füllung kann bereits die Wachsmasse in den unteren Teilen zur Ruhe kommen, während in die oberen noch die Flüssigkeit einströmt, und der stetig gesteigerte Druck wird die noch nicht erstarrte Masse in alle Feinheiten der Form pressen. Ohne weiteres ersichtlich ist, dass diese Vorteile fortfallen müssten, wenn man von oben, unmittelbar in den Raum zwischen Kern und Form, z. B. da, wo in der Skizze die Oeffnung für die verdrängte Luft angenommen ist, das flüssige Wachs einströmen lassen würde, wie es nach dem citierten Text den Anschein haben könnte, da die Eingussröhren ebenfalls als Luftröhren bezeichnet sind.

Abb. 33. Verrocchio, Denkmal des Colleoni, Venedig.

Abb. 34. Jac. Sansovino, Gestalt des Friedens, Venedig, Loggietta.

**Abb. 35. Jac. Sansovino, Pallas Athene, Venedig,
Loggietta.**

Nachdem dann das eingegossene Wachs ein bis zwei Tage
lang abgekühlt ist, wird die Gipsform in der Weise entfernt,
dass zuerst die die inneren Teilstücke haltenden Fäden
durchschnitten werden, wodurch die grossen äusseren
Mantelstücke abhebbar werden. Erst wenn diese
fortgenommen sind, lassen sich natürlich die einzelnen
Teilstückchen von den Rundungen und Tiefen des nun in
Wachs vorhandenen Modells lösen.

Am Wachs können nun nach Bedarf weitere
Durchführungsarbeiten vorgenommen werden, die
besonders wertvoll werden, wenn, wie es in früheren
Jahrhunderten anscheinend stets zu geschehen pflegte, die

95

Künstler, die das Originalmodell geschaffen haben, auch das Wachsmodell mit eigner Hand vollenden. Auch etwa nicht miteingeformte sehr zarte, vortretende oder voll unterschnittene Teile würden nun in Wachs hinzugefügt werden müssen.

Für die Metallgussform ist der über dem Eisenskelett aufgebaute Kern und die durchaus die Stelle des künftigen Metalles ersetzende Wachsschicht vollendet, die weitere Aufgabe ist es, die Wachslage mit dem äusseren Formmantel zu umhüllen und in diesem Mantel Röhren anzubringen, die einerseits dem geschmolzenen Wachs das Ausfliessen und dem flüssigen Metalle das Einströmen gewähren und anderseits solche, die die Luft entweichen lassen.

Die Schmelzbarkeit des Wachses nutzt man auch für die Herstellung der Röhren aus, man trägt also nicht zuerst den Formmantel auf und bringt in diesem durch Bohrung Kanäle an, man beginnt vielmehr mit Anfertigung der Röhren, d. h. man giebt Wachsstäbchen von hinreichender Stärke die Lage am Wachsmodell, die die Röhren später einnehmen sollen (Abb. 25).

Cellini sagt darüber, es seien: "sämtliche Luftkanäle, die man für den Bronzeguss anzubringen beschlossen hat, aus Wachs anzufügen und zwar in schräg nach unten verlaufender Richtung; später, wenn der Thonüberzug erst aufgetragen ist, lassen sie sich leicht durch thönerne Röhren nach oben gebogen fortsetzen." Und weiter giebt er an: "dass die Luftkanäle deswegen schräg nach unten verlaufen müssen, damit das Wachs besser ablaufen könne und die Form nicht durch andernfalls nötiges Hin- und Herwenden leide und Gefahr laufe, zu zerbrechen."

Abb. 36. Bartolommeo Ammanati, Brunnen in Florenz,
Piazza del Granduca.

Abb. 37. Bartolommeo Ammanati, Brunnen in Florenz,
Piazza del Granduca.

Abb. 38. Ammanati und Tribolo, Brunnen in Villa
reale di Castello bei Florenz.

Abb. 39. Giov. da Bologna, Neptunsbrunnen in
Bologna.

Abb. 40. Giov. da Bologna, Merkur auf dem
Windhauch.

Abb. 41. Giov. da Bologna, Denkmal Cosimos I. di
Medici in Florenz.

Abb. 42. Giov. da Bologna, Denkmal Ferdinands I. di
Medici in Florenz.

Abb. 43. Pietro Tacca, Brunnen auf der Piazza del Annunciata in Florenz.

Abb. 44. Pietro Tacca, Denkmal Ferdinands I. in
Livorno.

Abb. 45. Denkmal des Ranuccio Farnese, Piacenza.
Modell von Fr. Mocchi, Guss von Marcello.

Abb. 46. T. Landini, Fontana delle Tartarughe in Rom.

Abb. 48. Peter Vischer, Selbstbildnis am Sebaldusgrab in Nürnberg.

Beim Auftragen des äusseren Formmantels kommt es vor allem darauf an, dass er möglichst fein die Wachsschicht in allen zarten Teilen deckt. Man beginnt deshalb damit, mit einem weichen Pinsel eine flüssig breiige Formmasse aufzutragen, deren Herstellung Cellini wie folgt beschreibt: "Nun pulverte ich gebranntes Hornmark von Hammeln. Solches gleicht einem Schwamme, lässt sich leicht brennen und übertrifft an Güte alle anderen gebrannten Knochenarten. Gleichfalls pulverte ich halb so viel Tripel und ein Viertel Hammerschlag und vermischte die drei Teile in einem Aufguss von Rinds- oder Pferdemist, den ich erhielt, indem ich letzteren in einem feinlöcherigen Siebe mit reinem Wasser übergoss." Diesen Brei trug Cellini "in gleichmässiger Dicke... über die Wachshülle der Figur auf, liess ihn trocknen und fuhr so fort, bis er eine Schicht von der Dicke eines Messerrückens bildete." Diese Schicht überzog er: "mit einer Hülle aus Formerde in der Dicke eines halben Fingers... und nachdem diese getrocknet war, mit einer zweiten, endlich mit einer dritten von Fingerdicke."

Der Formmantel, der mit Eisenbändern umwunden werden muss, wird schliesslich die Stärke haben müssen, dass sämtliche in Wachs vorgebildeten Kanäle darin Platz haben, und dass er zugleich die notwendige Widerstandsfähigkeit erreicht (Abb. 26).

Die Gussform ist dann vollendet, es ist nur noch nötig, sie langsam zu erwärmen, das Wachs sorgfältig ausfliessen zu lassen und das flüssige Metall einzufüllen. Die Form wird, um diese letzte Aufgabe erfüllen zu können, wie früher beschrieben ist, in der Dammgrube, unmittelbar vor dem Ofen, in dem das Metall geschmolzen wird, in Sand eingestampft.

Eine künstlerische Würdigung der italienischen Erzplastik des 15. bis 19. Jahrhunderts würde über den Rahmen dieser die Technik behandelnden Schrift hinausgehen, nur die bedeutsamsten grösseren öffentlich aufgestellten Werke und die Namen ihrer Schöpfer mögen angeführt werden.

Die meisten italienischen Bildhauer des 15. Jahrhunderts waren in der Schule des Goldschmiedes gebildet, schon deshalb ist man gern geneigt, ihnen einen wichtigeren Anteil auch an der Gussausführung ihrer Werke einzuräumen, mit Sicherheit darüber zu entscheiden, ist jedoch bei den spärlichen oder unzuverlässigen Nachrichten über diesen Punkt selten möglich.

Lorenzo Ghibertis Thüren am Florentiner Baptisterium wurden bereits erwähnt, auch grosse Freifiguren hat derselbe Künstler in Bronzeguss geschaffen: die Gestalten Johannes d. T. (Abb. 27), des Matthäus (Abb. 28) und des heil. Stephanus für die Nischen an Or San Michele in Florenz.

Neben Ghiberti hat der grösste Bildner des Quattrocento, Donatello, zahlreiche Modelle für den Erzguss geschaffen, sein persönlicher Anteil an der Ausführung ist jedoch sehr in Frage gestellt. Während der gemeinschaftlichen Thätigkeit mit Michelozzo wird diesem die Leitung der Gussarbeiten zugefallen sein, und in Padua war ein dort ansässiger Glockengiesser der ausführende Meister. Gaurikus sagt, dass Donatello niemals selbst gegossen habe. Von Donatellos Werken seien nur genannt die Judith in der Loggia dei Lanzi und der Gattamelata in Padua (Abb. 29), das erste grosse erzene Reiterbild, das seit vielen Jahrhunderten wieder entstand.

Kaum weniger hervorragende Gusswerke gehören auch der zweiten Hälfte des 15. Jahrhunderts an.

In den Jahren 1451 und 1454 sollen Niccolo di Giovanni Baroncelli und Antonio di Cristoforo in Ferrara nach eigenen Modellen ein Reiterdenkmal des Niccolo und ein Standbild des Borso d'Este, die beide nicht mehr erhalten sind, in Bronze gegossen haben.

Verrocchio schuf die höchst anmutige Brunnenfigur des Knaben mit dem Delphin im Hofe des Pal. Vecchio zu Florenz (Abb. 30), weiter die Gruppe des Christus und Thomas für Or San Michele (Abb. 31) und das gewaltige Reiterbild des Colleoni für Venedig (Abb. 32 u. 33); von

109

Verrocchio wird ausdrücklich berichtet, dass er 1488 infolge einer Erkältung, die er sich bei den Gussarbeiten dieses Reitermonumentes zuzog, gestorben sei.

Zweifellos selbst als Erzgiesser thätig dürften die Brüder Pollajuolo gewesen sein. Von Antonio möge hier das in der Peterskirche in Rom aufgestellte Grabmal des Papstes Innocenz VIII. mit der Kolossalfigur dieses Kirchenfürsten nicht ungenannt bleiben.

Zahlreicher noch sind die im 16. und 17. Jahrhundert in Italien geschaffenen grossen Bronzegusswerke, wenn auch eine Zeitlang unter dem Einflusse Michelangelos, der dieser Technik entschieden abgeneigt war, ein Zurückgehen der Gussplastik unverkennbar ist.

Neben den Denkmälern und grossen dekorativen Skulpturen nehmen jetzt vor allem die Monumentalbrunnen, die bisher nur selten mit figürlichem Bronzeschmuck ausgestattet waren, eine wichtige Stellung ein.

In Venedig und den Nachbarstädten entstanden nach dem 15. Jahrhundert öffentlich aufgestellte grosse Erzwerke nur wenige. Die Brunnenmündungen im Dogenpalast, von der Hand Jacopo Sansovinos vier Figuren für die Loggietta (Abb. 34 u. 35) und die sitzende Porträt-Figur des Thomas von Ravenna über dem Portal von S. Giuliano, weiter Tiziano Aspettis Statuen St. Pauli und Mosis für die Fassade von St. Francesco della Vigna sind ausser den im Inneren der Kirchen aufgestellten Gusswerken die bemerkenswertesten Leistungen.

In Toscana blüht auch im 16. Jahrhundert der Kunstguss wie vorher. Im Jahre 1509 goss Bernardino von Lugano nach Rusticis Modell die kraftvolle Gruppe der Predigt Johannis d. T., die über der Nordthür des Baptisteriums in Florenz aufgestellt wurde.

110

Von dem Hauptgusswerke Benvenuto Cellinis, dem um 1550 geschaffenen Perseusmonument in der Loggia dei Lanzi in Florenz, ist bereits die Rede gewesen. Ueber dem Portal des Florentiner Baptisteriums wurde in dieser Zeit die Gruppe der Enthauptung Johannis d. Täufers von Vincenzo Danti aufgestellt, der für Perugia eine Denkmalstatue des Papstes Julius III. schuf.

Um das Jahr 1570 wurde auf der Piazza del Granduca in Florenz der Brunnen Bartolommeo Ammanatis aufgestellt, dessen bekrönender Neptun zwar in Marmor gebildet, dessen leicht schwebende Satyrn und Pane am Beckenrande aber in Erz gegossen wurden (Abb. 36 u. 37).

In der mannigfaltigsten Weise bediente sich der aus den Niederlanden gebürtige Giovanni da Bologna der Erzgusstechnik bei seinen zahlreichen grossen Werken. Der Neptuns-Brunnen in Bologna, bei dem die Figuren und alle dekorativen Teile in Bronze ausgeführt waren, begründete den grossen Ruhm des Künstlers (Abb. 39). Als Bekrönungsfigur eines Brunnens war zweifellos auch der bekannte höchst graziöse "Merkur auf dem Windhauch" gedacht (Abb. 40).

Desselben Künstlers Reiterbilder der Mediceer Cosimo I. (Abb. 41) und Ferdinand I. (Abb. 42) in Florenz sind als Beispiele der grossen Denkmalplastik in Erz für die Zeit um 1600 von hohem Interesse.

Von den in Italien gebliebenen Bronzewerken des Pietro Tacca, des Schülers und Mitarbeiters Giovannis da Bologna sind aus der ersten Hälfte des 17. Jahrhunderts in Florenz die beiden Brunnen auf der Piazza del Annunciata (Abb. 43) und in Livorno das Denkmal Ferdinands I. mit den gefesselten Negersklaven am Sockel zu nennen (Abb. 44).

Die Reiterstatuen des Alessandro und Ranuccio Farnese (Abb. 45) auf dem grossen Platze in Piacenza wurden nach

111

den Modellen des Francesco Mocchi d. J. im Jahre 1625 von dem römischen Giesser Marcello, wie es heisst, jede in einem Gusse, vollendet.

Auch in Rom entstand in der zweiten Hälfte des 16. und im 17. Jahrhundert eine Reihe sehr bedeutsamer Bronzegusswerke, die vor allem in der Peterskirche Aufstellung fanden. Von den unter freiem Himmel stehenden monumentalen Gussarbeiten des 16. Jahrhunderts sei Taddeo Landinis treffliche Fontana delle Tartarughe angeführt (Abb. 46).

In der zweiten Hälfte des 17. und im 18. Jahrhundert treten in Italien die Denkmal- und Brunnenskulpturen mehr und mehr zurück, und zugleich damit nimmt die Verwendung der Bronze immer mehr ab. Nur wenige grosse statuarische Werke entstehen noch, wenn die für die Kirchen geschaffenen Denkmäler unberücksichtigt bleiben dürfen.

Die Technik des Erzgusses gerät dennoch in Italien, wie es scheint, nie in dem Masse in Vergessenheit wie besonders im 18. Jahrhundert in Deutschland. In weitestem Umfange ausgeübt wird aber die Giesserei monumentaler Werke auch in Italien erst wieder im 19. Jahrhundert, das Formverfahren blieb auch dann zunächst das altübliche mit Hilfe von Wachs, erst verhältnismässig spät wurde für grosse Erzmonumente in Italien das unten näher besprochene Teilformverfahren in Sand nach dem Beispiele Frankreichs und Deutschlands eingebürgert.

Eine neue Glanzperiode der Giesskunst begann mit dem 16. Jahrhundert auch nordwärts der Alpen, besonders in D e u t s c h l a n d. Die ersten und grossartigsten plastischen Arbeiten der Renaissance waren auch bei uns in Bronzeguss ausgeführt. Die berühmtesten Giesserwerkstätten finden sich in dieser Zeit aber nicht mehr in Niederdeutschland. Die den Haupthandelsverkehr mit Italien vermittelnden reichen süddeutschen Städte, vor allem Nürnberg und Augsburg, sind zu den bedeutsamsten Mittelpunkten des deutschen Kunstschaffens geworden.

Abb. 47. Peter Vischer, Sebaldusgrab, Nürnberg.

Grabmäler und Brunnen waren die vornehmsten

Aufgaben, die die Giesskünstler jener Städte beschäftigten.

Wenn nun auch die Nachrichten über die Giessmeister des 16. und der folgenden Jahrhunderte durchaus nicht so spärlich fliessen, so sind genauere Angaben über die Art der Ausführung auch berühmtester Bronzewerke kaum erhalten oder nur mühsam aus noch vorhandenen geschäftlichen Vereinbarungen zusammen zu suchen.

Ueber das Grabmal des Heiligen Sebaldus in Nürnberg (Abb. 47 u. 48), das von Peter Vischer und seinen Söhnen in den Jahren 1506 bis 1519 in Nürnberg geschaffen wurde, und ebenso über die weiteren vielgerühmten Gusswerke dieser volkstümlichsten deutschen Kunstgiesserfamilie sind Nachrichten, die sich auf die Herstellungsweise, insbesondere auf die Art der Einformung beziehen, nicht überliefert (Abb. 49).

Etwas günstiger ist es in dieser Beziehung bestellt mit dem, dem Sebaldusgrab an Berühmtheit kaum nachstehenden Grabmal des Kaisers Maximilian in der Hofkirche in Innsbruck (Abb. 50).[15] Die zahlreichen überlebensgrossen Bronzefiguren dieses Monumentes sind im Laufe des 16. Jahrhunderts von verschiedenen Künstlern, deren Namen mit ziemlicher Sicherheit für die einzelnen Statuen nachweisbar sind, entworfen und gegossen. Die beiden köstlichsten Rittergestalten zur Seite des eigentlichen Grabmals — König Arthur (Abb. 51) und Theoderich (Abb. 52) — werden wohl mit Recht als Werke Peter Vischers angesehen. Zweifellos fest steht, dass er zwei Figuren ausgeführt hat und der Lieferungstermin deutet auf die genannten hin. Von anderen Giesskünstlern, die am Grabmal mitgearbeitet haben, sind besonders zu nennen die Gebrüder Stefan, Heinrich, Melchior und Bernhard Godl, Peter, Gregor und Hans Christoph Löffler, Hans Lendenstreich und Ludwig de Duca. Ueber das erste grosse zum Denkmal gegossene Erzbild giebt der Meister Peter

Löffler in einem 1508 an den Kaiser gerichteten Schreiben eine wichtige technische Auskunft, er sagt: "Nun lass ich Kais. M. wissen, dass ich das bild mit seiner zugehörung vor sant Jakobs tag nicht giessen mag, ursach halber die Formen ob dem bild kann und mag ich bei dem Feuer nicht trocknen. Es muss von ihm selber an der Luft trocknen; denn das bild selber ist ganz von wachs gemacht. Wenn ich das bild bei dem Feuer wollt trocknen, so zergieng das wachs, und wär all arbeit daran verloren." Weitere Notizen, die die Art des Formverfahrens ebenso mit Sicherheit erkennen lassen, sind besonders erhalten über die die Mitte des Grabmals bekrönende Gestalt des knieenden Kaisers selbst und vier Tugendengestalten (Abb. 53). Für die Modellierung dieser Figuren war der Bildhauer Alexander Colin aus Mecheln berufen, der Guss wurde zunächst Hans Christoph Löffler übertragen. Colin sollte "dieselben pilder und stücke" zum Giessen zusammenrichten. Auch habe er die Patronen (das sind Formen) von Gips, "darein er die pilder und andere stuck von Wachs gegossen", dem Löffler zuzustellen, damit dieser, falls ein Guss missraten sollte, wieder darnach giessen könne. Löffler lehnt schliesslich den Guss ab, und man berief Hans Lendenstreich von München. Lendenstreich wünscht, dass er mit allem versorgt wird. Er fordert Metall, Schmelztiegel, Kohlen, Ziegel, Erde, Lehm, Sand, Scherwolle und Kälberhaare, welche er unter den Lehm mischen müsse, Eisendraht und einen Schmied für das Eisenwerk. Auch Lendenstreich kam nur dazu, die Gestalten der Tugenden zu giessen, die Kaiserfigur wurde schliesslich von Ludwig de Duca gegossen. Auch dieser giebt die wichtigsten Materialien an, deren er bedürfe: 30 Centner Metall, ein Centner Wachs, weiter Eisen, Gips, Scherwolle, Lehm und Ziegel.

Bei der Vereinbarung um die Ausführung der Statue Chlodwigs verpflichtet sich Georg Löffler "alles ganz und von einem Stück" zu fertigen, "damit solch pild um so vil ganz und reiner gefall".

Die vorstehend wiedergegebenen Notizen sind ausreichend, um ein klares Bild von der Formungsart zu gewinnen, die im allgemeinen bei den grossen Gestalten des Grabmals angewendet sein wird; allein von dem Wachsausschmelzverfahren ist die Rede. Aus der an Colin gestellten Forderung, die Gipsformen dem Giesser mit abzuliefern, ergiebt sich weiter, dass auch in Deutschland im 16. Jahrhundert, nicht mehr stets, wie es Theophilus angiebt, das Modell freihändig vom Künstler über einem vorgebildeten Kerne modelliert wurde, dass vielmehr zuerst ein Thonmodell hergestellt und von diesem mit Hilfe von Gipsformen mechanisch der Wachsabdruck genommen wurde, dessen Ueberarbeitung von Künstlerhand man allerdings auch nicht für unentbehrlich erachtete. Im ganzen wird das in Deutschland geübte Verfahren dem von Cellini beschriebenen geglichen haben. Und wenn nun auch über die Formungsarbeit, die in der Vischerschen Giesshütte in Nürnberg angewendet wurde, nichts Näheres bekannt ist, so darf doch wohl ohne weiteres von den in Bezug auf das Maximiliansgrab erhaltenen Nachrichten der Rückschluss gezogen werden, dass auch dort zum mindesten für alle grösseren und feineren Aufgaben in gleicher Weise verfahren wurde; übrigens lassen ja auch die erhaltenen Gussarbeiten darauf schliessen. Zugleich lassen diese auch, wie nicht unerwähnt bleiben möge, erkennen, dass vielfach nach Holzmodellen geformt worden ist. In welchem Masse man bereits in dieser Zeit auch bei einfacheren figürlichen Modellen, die bei anderen Gegenständen wie z. B. Geschützen zweifellos angewendete Teilformerei in Lehm zu Hilfe nahm, soll hier nicht zu entscheiden versucht werden.

Abb. 49. Peter Vischer, Grabmal des Erzbischofs Ernst, Magdeburg, Dom.

Abb. 50. Grabmal Kaiser Maximilians, Innsbruck, Hofkirche.

Abb. 51. Peter Vischer, Gestalt König Arthurs (links)
vom Grabmal Kaiser Maximilians in Innsbruck.

**Abb. 52. Peter Vischer, Gestalt Theoderichs vom
Grabmal Kaiser Maximilians in Innsbruck.**

Noch von zahlreichen Bronzegusswerken des 16. und 17.
Jahrhunderts, die bis heute eine Zierde besonders der
grossen süddeutschen Städte, Nürnberg, Augsburg und
München bilden, sind uns die Namen der Giesskünstler
überliefert; eine Reihe tüchtiger niederländischer Meister
findet sich darunter. Auch italienischen Giessernamen
begegnet man, z. B. wurden die bedeutenden Erzfiguren in
der Begräbniskapelle des Domes zu Freiberg i. S. von dem
Florentiner Carlo da Cesare ausgeführt (Abbildung 54 und
55).

In Nürnberg entstand noch vor der Mitte des 16. Jahrhunderts von der Hand des Pankraz Labenwolf die bekannte Brunnenfigur des Gänsemännchens (Abb. 57). Auch dessen Sohn Georg Labenwolf ist ein Giesser und Bildner von grossem Ansehen gewesen. Sein Hauptwerk war der 1585 vollendete Brunnen für Kronborg bei Kopenhagen, zu dessen Ausführung er 1576 nach Dänemark berufen wurde.

Abb. 53. Grabmal Kaiser Maximilians in Innsbruck.

Abb. 54. Kurfürst August in der Begräbniskapelle des Domes zu Freiberg i. S. Modell und Guss von Carlo da Cesare.

Den Tugend-Brunnen (Abb. 58) neben der Lorenzer Kirche in Nürnberg goss in den Jahren 1585–1589 Benedikt Wurzelbauer, auch er genoss einen hohen Ruf ausserhalb seiner Heimatsstadt. Bekannt ist unter anderem, dass er in den Jahren 1590 und 1630 zwei stattliche Brunnen für Prag und ausserdem einen für Durlach schuf.

Noch einen Giesskünstler hatte Nürnberg im 17. Jahrhundert aufzuweisen, von dem einige hervorragende Werke erhalten sind, Wolfgang Hieronymus Herold. Er goss den in Nürnberg selbst, aus nicht völlig aufgeklärten Gründen, nie zur Aufstellung gekommenen "Peuntbrunnen" mit Neptun und seiner Gefolgschaft, Najaden, Tritonen und anderen Wasserwesen. Das Wachsmodell für diesen Brunnen wurde 1650 von Chr.

Ritter geliefert, an den Gussmodellen waren Mitarbeiter Georg Schweiger und Jeremias Eisler, als Ciseleur wird genannt Johannes Wolrab. Im Jahre 1797 wurde der Brunnen von Kaiser Paul I. von Russland erworben und in vereinfachter Gruppierung in Peterhof aufgestellt. Von anderen grösseren Gussarbeiten Herolds sei noch die bekannte Figur des Heil. Nepomuk für die Karlsbrücke in Prag angeführt.

In A u g s b u r g war in der Zeit von 1586 bis 1609 der zweifellos auch als Bildhauer nicht unbedeutende Giesser Hubert Gerhard thätig. Er führte im Jahre 1595 die vermutlich von Peter Candid aus Brügge modellierte Erzstatue am Augustusbrunnen aus (Abb. 59–62), und unter anderem auch die jetzt im bayerischen National-Museum in München aufgestellte Kolossalgruppe des Mars und der Venus (Abb. 63).

Ebenfalls ein Niederländer Meister, Adriaen de Vries, schuf in Augsburg die mit Bronzebildwerken geschmückten, nach ihren Hauptfiguren benannten Merkur- und Herkules-Brunnen in den Jahren 1596 bis 1602 (Abb. 64–66).

123

Abb. 55. Kurfürstin Anna in der Wettiner
Begräbniskapelle im Dome zu Freiberg i. S. Modell und
Guss von Carlo da Cesare.

Abb. 56. Taufbecken, gegossen 1547 von Hans
Sivvercz, Hildesheim, St. Andreaskirche.

Wolfgang Neidhardt goss für dieselbe Stadt das
Neptunsbild auf dem Fischmarkte und im Jahre 1607 den
kolossalen Erzengel am Zeughause gemeinsam mit Joh.
Reichel, von dem auch eine Statue Gustav Adolphs
geschaffen sein soll, die später Kaiser Ferdinand III. verehrt
wurde.

Andere Augsburger Giessmeister werden noch als
Mitarbeiter am Maximiliansgrabe genannt; auch der
Wittelsbacher-Brunnen im Brunnenhofe der Münchener

Residenz (Abb. 67) soll von dem Augsburger Hans Reisinger gegossen sein.

In M ü n c h e n selbst waren auch Giesser von besonderer Tüchtigkeit ansässig. Der berühmteste unter ihnen, Hans Krumper aus Weilheim, war 1580–1620 bei Hofe angestellt, doch werden ihm in jüngster Zeit manche Gussarbeiten, die als von ihm ausgeführt galten, wieder abgesprochen. Er hat zumeist die Entwürfe des bereits genannten Niederländers Peter Candid in Bronze gegossen. Als Arbeiten seiner Giesshütte werden noch angesehen die köstlichen Portalskulpturen und die Madonna (Abb. 68) an der Residenz in München, die Bekrönungsfigur der Bavaria auf dem Rundtempelchen im Residenzgarten (Abb. 69), die Mariensäule in München (Abb. 70) u. a. m. Die weit berühmte Gestalt des Erzengels Michael an der Münchener Michaels-Kirche (Abb. 71) soll nach Hubert Gerhards Modell von Martin Frey gegossen sein, von dem auch, wie heute festzustehen scheint, die anmutige Figur des Perseus im Grottenhofe der Residenz im Guss ausgeführt wurde (Abb. 72).

Einige der Hauptfiguren am Grabmale Kaiser Ludwigs des Bayern in der Münchener Frauenkirche (Abb. 74) goss Dionysius Frey aus Kempten; welcher Anteil an der Gussarbeit dieses Monumentes dem Hans Krumper zukommt, den man früher als den alleinigen Verfertiger ansah, ist zweifelhaft.

Abb. 57. Pankraz Labenwolf, Gänsemännchen-
Brunnen, Nürnberg.

I n n s b r u c k (Giesshütte in Mühlau bei Innsbruck) war
durch das Maximiliansgrab zu einer der namhaftesten
deutschen Giesserstädte geworden, in der ausser jenem
Monument (nur wenige Teile, besonders die Figuren Peter
Vischers, sind nicht in Innsbruck gegossen) noch einige
bedeutende Erzgusswerke entstanden. Der bereits früher
genannte Giessmeister Gregor Löffler in Innsbruck führte
den mit reichem figürlichen Erzschmuck ausgestatteten
Brunnen vor der Villa Belvedere in Prag aus, und für den

Innsbrucker Hofgarten goss 1627 Heinrich Reinhardt nach dem Modelle des Kaspar Gras in Innsbruck einen Brunnen, der aus der Reihe der vorher genannten Schöpfungen der Art dadurch herausfällt, dass ein erzenes, geschickt ausbalanciertes Reiterbild des Erzherzogs Leopold — wohl das älteste grössere Bronzemonument mit springendem Pferde — bestimmt war, seine mittlere Säule zu bekrönen. Der Brunnen ist nur zum Teil erhalten; im Jahre 1893 wurde er aufs neue zusammengefügt, auf dem Rennwege in Innsbruck aufgestellt. Werke derselben Künstler sind acht mythologische Figuren ebenfalls im Hofgarten und das Grabmal des Erzherzogs Max in der Pfarrkirche mit lebensgrossen Gestalten St. Georgs und des knieenden Fürsten.

In F r a n k e n, vor allem in der seit langem blühenden, zu Ausgang des 17. Jahrhunderts von der trefflichen Giesserfamilie Kopp geleiteten F o r c h h e i m e r G i e s s h ü t t e entstehen in Süddeutschland die letzten namhaften Bronzegusswerke bis zum 19. Jahrhundert. Grabmäler in den Kirchen von Bamberg und Würzburg und ein Brunnen mit der Statue des Heil. Willibald in Eichstädt vom Jahre 1695 werden als Arbeiten jener Meister angesehen.

Immer bescheidener werden in der Folgezeit in Deutschland die Aufgaben der Erzgiesser. Grabplatten dürften die einzigen Werke geblieben sein, die noch einige Zeit einen gewissen Grad höheren Könnens in Anspruch nahmen, im 18. Jahrhundert waren in Nürnberg noch eine Reihe von Giesshütten damit beschäftigt.

Geschmack und Bedürfnis neigte sich in der Bildnerei minder kostbaren und weniger schwierig zu gestaltenden Stoffen zu. Stein und Stuck waren eher geeignet, den mit den vorhandenen Mitteln selten zu vereinbarenden, bisweilen zum Uebermass gesteigerten Ansprüchen plastischen Schmuckes an Bauten und in den fürstlichen Gärten zu genügen.

Den niederdeutschen Giesshütten, die schon in den letzten Jahrhunderten eigentlich monumentale Werke kaum noch geliefert hatten, folgten mit dem Ausgange des 17. Jahrhunderts im Niedergange auch die süddeutschen.

Die Giessertradition war besonders in Norddeutschland durchbrochen und bei den wenigen grossen Erzgusswerken, die noch entstanden bis zum Einsetzen der neuen Blütezeit des Erzgusses im 19. Jahrhundert, musste das Ausland Pate stehen.

Als man angespornt durch das französische Beispiel auch in der preussischen Hauptstadt ein grosses Fürstenbild in Bronze giessen wollte, lehnte der dazu berufene Berliner Stückgiesser die Ausführung ab, erst ein in französischen Werkstätten geschulter deutscher Meister übernahm die ehrenvolle Aufgabe.

Johann Jacobi goss in B e r l i n im Jahre 1697 das im Jahre 1803 in Königsberg aufgestellte Standbild des Kurfürsten Friedrich III. und am 2. Nov. des Jahres 1700 das für die Lange Brücke in Berlin bestimmte Reiterbild des Grossen Kurfürsten (Abb. 73 u. 75), beide nach Modellen von Andreas Schlüter.

Soweit die erhaltenen Nachrichten erkennen lassen — die älteren Angaben widersprechen sich teilweise — wandte Jacobi das noch näher zu beschreibende Formverfahren an, das er in Paris gelernt hatte; die Denkmäler wurden demnach in einem Gusse im Wachsausschmelzverfahren ausgeführt.

Abb. 58. Bened. Wurzelbauer, Tugend-Brunnen,
Nürnberg.

Abb. 59. Hubert Gerhard und Peter Candid,
Augustusbrunnen, Augsburg.

Abb. 60. Augustusfigur vom Augustusbrunnen in
Augsburg.

Abb. 61. Beckenfigur vom Augustusbrunnen in
Augsburg.

Abb. 62. Beckenfigur vom Augustusbrunnen in
Augsburg.

Abb. 63. H. Gerhard und C. Polaggio, Mars und Venus
(München, National-Museum).

Abb. 64. Adriaen de Vries, Merkurbrunnen in Augsburg.

Schon die früher angeführte Thatsache, dass die Leistung des Bildhauers in diesem Falle völlig in den Schatten gestellt wurde durch den Ruhm, den allein der Giessmeister davontrug, lässt erkennen, wie wenig Verständnis man damals hatte für die zahllosen grossartigen Werke, die deutsche Giesser früher geschaffen hatten, man hätte sonst nicht die Arbeit Jacobis als etwas ganz und gar Unerhörtes erachten können.

Noch in einer westdeutschen Stadt, in D ü s s e l d o r f, entstanden zu Beginn des 18. Jahrhunderts bedeutendere Bronzegusswerke, freilich nicht von der Hand eines deutschen Meisters. Erhalten ist davon in Düsseldorf das von dem Brüsseler Bildhauer Grupello modellierte und 1703 gegossene Reiterbild des Kurfürsten Johann Wilhelm von der Pfalz (Abb. 76).

Als man aber wenig später, in Dresden dem König August dem Starken ein Denkmal setzen wollte, fehlte bereits der Meister, der es verstanden hätte, ein solches Werk in Bronze zu giessen, so dass man sich entschliessen musste, es von dem Augsburger Wiedemann in Kupfer treiben zu lassen[16] (Abb. 140).

Erwähnt sei hier ferner noch, dass im weiteren Verlauf des 18. Jahrhunderts, besonders im Süden des deutschen Reiches, in Oesterreich und Bayern, wenn nicht Bronzegussarbeiten, so doch eine Reihe monumentaler Gusswerke in Blei und Zinn entstanden, bei denen als Formverfahren auch gewiss allein das Wachsausschmelzverfahren in Betracht kam, die Gussschwierigkeiten jedoch wohl wesentlich geringere waren. Genannt seien von diesen Arbeiten der von Raphael Donner modellierte, im Jahre 1739 auf dem Neumarkte in Wien aufgestellte Brunnen, dessen Bleiteile in neuerer Zeit in Bronze nachgegossen worden sind (Abb. 77–79), desselben Künstlers Rathausbrunnen mit Perseus und Andromeda (Abb. 80) und seine Reitergruppe des Heil. Martin in Pressburg (Abb. 81), ferner das Reiterbild Franz I. für Wien und das Denkmal der Maria Theresia für Klagenfurt — beide von Balthasar Moll (1717–85). Das letztere wurde im Jahre 1873 durch Pönninger erneuert.

Schliesslich sei als das letzte grosse deutsche Bronzemonument, das noch im unmittelbaren Anschluss an die alte Wachsformerei entstand, das von Zauner modellierte und gegossene Reiterbild Josephs II. in Wien (Abb. 82) genannt.

Der Künstler hatte besonders in Italien die Gusstechnik studiert, fertigte in den Jahren 1795–1797 ein grosses Probegussstück und brachte am 19. September 1800 die

Reiterfigur und am 26. Februar 1803 das Pferd des Joseph-Denkmals fehlerfrei aus der Form.[17]

Auf die zahlreichen für fürstliche Gärten ausgeführten Bleifiguren und Gruppen sei nur hingewiesen.

Von Interesse ist es nun, dass gerade in der Zeit des Niederganges unserer Kunstgiesserei eine der wenigen aus früheren Jahrhunderten erhaltenen deutschen Beschreibungen des Wachsausschmelzverfahrens veröffentlicht wurde, in der "Curieusen Kunst- und Werck-Schul ... von einem sonderbaren Liebhaber der Natürlichen Künste und Wissenschaften. Nürnberg. In Verlegung Johann Ziegers 1696." (I. S. 478ff.) Um eine hohle Figur zu giessen, wird dort angegeben, solle man von dem Modell zuerst eine Teilform von Gips anfertigen und je "nachdem die Figuren leicht oder nicht leicht sind, formiret man sie von 3, 4, 6, 10 oder 12 Stücken." Allzugrosse und insbesondere reicher ausgestaltete Figuren können dem Verfasser demnach kaum als giessbar vorgeschwebt haben. Er giebt dann weiter an: "Ihr müsset euren ausgehöhlten Gips so viel und offt mit Oel bestreichen, als er das Oel wieder von sich giebt, und ihn mit Baum-Wolle trocknen, hernach nehmet alle euere Stücke zusammen, und bindet sie mit Stricklein, und sehet zu, wo es sich am füglichsten giesen lassen wolle. Und nachdem ihr euer Wachs schmeltzen lasset, dass solches weder zu kalt noch zu warm ist, so giest es in den Einguss des Gipses, ist es eine kleine Figur, die ihr darzu gebrauchet, so lasset es eine kurtze Zeit darinnen, hernach nehmet den irdenen Stüpffel heraus, damit ihr das Loch des Eingusses verstopfft habt, und kehret eure Figur alsbald von oben zu unterst, das Wachs in ein Gefäss ablaufen zu lassen, hernach lasset das Wachs in der Form fein stille stehen, bedecket sie hernach, so habt ihr eine ausgefüllte Figur im Wachs, so sie zu wenig Raum hat, muss man sie mehr stille stehen lassen in der Form, ehe man sie herausnimmt; wo sie aber zu dicke ist, muss man sie weniger Zeit darinnen lassen."

Diese Art der Wachsschichtherstellung in der Gipsform ist aus älteren Beschreibungen nicht bekannt, doch zweifellos auch nur anwendbar bei sehr einfachen Modellen. Man füllt also die Form mit flüssigem Wachs, das dann zuerst an der Gipswandung erstarrt. Sobald man annimmt, dass die erstarrte Schicht eine hinreichende Stärke erreicht hat, wird die Form "gestürzt", um den noch flüssigen Teil des Wachses wieder ausfliessen zu lassen.

Nachdem der Verfasser dann angegeben, dass nach dem Gewicht des Wachses die Menge des zum Guss nötigen Metalles zu berechnen ist, beschreibt er die Herstellung des Kernes wie folgt: "Nachdem ihr euere Figur besagter massen habt, so es ein Thier ist, das könnet ihr entweder in die Länge oder quer durch mit einem warmen Messer entzwey schneiden; wenn es nun zertheilet ist, könnet ihr Dohn (Thon) nehmen, so mit ein wenig fein kleingemachten Kohlenstaub vermischet ist, schlagt es untereinander mit einem eisernen Stäblein, damit er weich werde, wie ein Teig, alsdann füllet mit dieser Erden eine Wachsfigur, und wann das mittelste trocken ist, so beleget die Gegenden mit gar feuchter und kleiner Erden, da die Nuss und die Figur zusammen schliessen sollen, und sehet wol zu, dass die feuchte Erden nicht über die Rinde des Wachses gehe, und wann sie wieder zusammen gesetzet sind, so ergäntzt es mit einem etwas warmen kupffern oder eisernen Former, und schmelzet es an denen zusammen gefügten Orten zu; wann das geschehen, so thut einen Guss von dem Wachs hinein, an dem allerfüglichsten Ort, und der lang genug ist, mit Lufft-Löchern. So ihr sehet, dass ein Theil an eurer Figur seye, da das Metall nicht wohl durchfliesen wolte, so rollet kleine Stöcklein von Wachs, wie eine Gänse-Feder gross, oder gröser, nach der Gröse euerer Figur, diese lasset, mit einem warmen Eisen, an einigen Ort der Figur halten, und dass die Spitze des Stöckleins komme an den Ort, da ihr vermuthet, dass das Metall nicht wohl hinfliese, und machet es, wie gesagt worden, an der Figur veste. Hernach nehmet kleine Steffte von Messing, oder Eisen, so gross als ein Nadelknopff gross, so einen Finger ohngefehr lang ist, nach der Gröse des Wachses, oder der Nuss, lasset diese Steffte die quer hinein gehen in das Wachs, bis sie den Kern erreichen, und das Wachs einen Faden breit darüber gehe, und stellet die Steffte so wol vornen als hintendurch die Figur, und an die Enden, damit die Nuss von allen Theilen, über gemeldten Stefften gehalten werde, und das äusserste nicht berühre, noch darmit zusammen falle."

Eines Kommentars bedürfen diese Angaben kaum, bemerkenswert ist nur, dass der Kern nicht über einem vorher angefertigten Gerüst von Eisenstäben hergestellt wird, sondern dass er nach dem Ausschmelzen des Wachses nur durch die bereits früher erwähnten Kernstützstäbe in unverrückbarer Lage zum Kernmantel gehalten wird.

Um den Mantel zu erhalten, sagt der Verfasser: "Nehmet guten Gieser-Dohn, weichet ihn ein in warmen Wasser, als von Milch, in einem irdenen Geschirr, darnach gieset ihn allmählich ab, in ein Gesätz, so wird durch dieses Mittel der Griess oder Sand am Boden des ersten liegen bleiben. Nachdeme ihr die gemeldte Erde sich setzen lassen, so gieset das Wasser sachte darvon ab, und gieset wieder anders frisches darauf, und mischet es wohl unter einander. Von dieser Erden nehmet mit einem grosen Pensel, und gebet eine dünne Lage über euere Wachs-Figur, und wann sie trocken, noch eine, und also bis auf sechse zu; hernach, wann es trocken, so überziehet und stärket es mit der mit Scheer-Wolle zubereiteten Erde, und wann es vollkommen trocken ist, so leget euere Forme auf eiserne Stänglein in Gestalt eines Rostes, und sehet zu, dass das Wachs in der

Form nicht koche, es würde sie sonst zerbrechen; man muss sie auf eine Seiten neigen, damit das Wachs durch den Einguss, nach dem Mass, als es schmeltzet, heraus fliese, bis nichts mehr darvon drinnen ist. Wann dieses geschehen, so leget eine Forme an ein gelind Feuer, bis sie gantz durchdrungen seye, je mehr je besser, und lasset euch nicht verdriesen, sie eine lange Weile zu backen, mitler Zeit dass sie backet, so lasset euer Metall wohl heiss fliesen. Und, damit es fein sauber werde, ist nothwendig, dass man zwey Schmelz-Tiegel im Feuer habe, damit man das Metall aus dem einen in den anderen giesen könne, dessen Schaum oder Schlacken darvon zu bringen. Wann nun das Metall wohl heiss ist, scharret eure Forme in den Sand, das Metall hineinfliesen zu lassen, und lasset erkalten; hernach zerschlaget die Erden, so werdet ihr euere Figur ohne Rand oder Riss haben."

Abb. 65. Adriaen de Vries, Herkulesbrunnen in Augsburg.

Abb. 66. Adriaen de Vries, Herkulesbrunnen in Augsburg.

Die schriftstellerische Darstellungsweise des Verfassers ist nicht glänzend, doch man kann ihn verstehen, und vor allem lassen manche Einzelheiten wohl darauf schliessen, dass er das Wachsausschmelzverfahren nicht nur vom Hörensagen kannte; zu bedauern ist, dass der Verfasser nicht angiebt, wo er seine Studien gemacht hat. Die

Anwendbarkeit für monumentale Werke scheint ihm allerdings nicht mehr bekannt gewesen zu sein, er würde gewiss darauf hinzielende Andeutungen nicht vermissen lassen.

Abb. 67. Wittelsbacher-Brunnen, München, Residenz; gegossen von Hans Reisinger.

Abb. 68. Peter Candid, Madonna an der Residenz in
München.

Abb. 69. Peter Candid, Bavaria, München,
Residenzgarten.

Abb. 70. Peter Candid, Mariensäule in München.

Abb. 71. Hub. Gerhard und Martin Frey, Erzengel
Michael, München, Michaelskirche.

Abb. 72. Perseus-Brunnen, München, Residenz; Guss
von Martin Frey.

Im Laufe des 18. Jahrhunderts kam die Erzplastik in
Deutschland nicht wieder zu Ehren. Die künstlerischen
Anschauungen, die sich am Ausgange des Jahrhunderts in
schroffer Wandlung der antiken Formenwelt als dem einzig
würdigen Vorbilderkreise zuwandten, waren nicht geeignet,
die Liebe für das herbe Material wieder zu erwecken. Eines
der köstlichsten Dokumente für die ums Jahr 1800 in Bezug
auf die Bronze wohl ziemlich allgemein herrschende
Sinnesart findet sich abgedruckt in der Encyklopädie von
Krünitz (Artikel Monument S. 668ff). Ueber das bereits

damals geplante Denkmal Friedrichs des Grossen schrieb "Herr Professor Levezow" wie folgt: "Aber doch glaube ich zur Beantwortung einer wichtigen Frage: aus welcher Materie dieses Denkmahl bestehen soll? kurz hinzufügen zu müssen, da vielleicht der Gedanke, dass die Kostbarkeit der Materie demselben einen grösseren Wert verleihen kann, der nothwendigen Grösse desselben in der Ausführung und der auch davon abhangenden Wirkungen des Ganzen, den glücklichsten Eindruck rauben kann... daher geb' ich es gern zu, dass zur Unterstützung der ganzen ästhetischen Wirkung der Statue Friedrichs, der M a r m o r v o n C a r a r a n o t h w e n d i g i s t; dessen reiner dem Zutritt der freyen Luft nicht ausgesetzten und deshalb immer bleibenden Schönheit ich doch gern den Vorzug vor der zwar grösseren Stärke des doch zu Anfang blendenden und im A l t e r d u r c h R o s t e n t s t e l l t e n E r z e s geben möge..."

Wenn solche Anschauungen von hochgeachteten Männern öffentlich ausgesprochen werden konnten, ohne den Urheber lächerlich zu machen, wird man darnach das Urteil der grossen Menge bemessen können.

Bemerkt zu werden verdient noch, dass in den zahlreichen deutschen, die Giesserei behandelnden Werken des 18. sowohl, wie des beginnenden 19. Jahrhunderts stets am ausführlichsten über das Wachsausschmelzverfahren gesprochen, und dass zumeist dieses auch als das vollkommenste hingestellt wird. Dabei ist allerdings unschwer nachweisbar, dass die Herren Verfasser fast durchgehends aus vorhandenen Quellen schöpften. Irgend etwas Neues über die Art der Einformung ist aus jenen Veröffentlichungen nicht zu lernen, sie mögen deshalb, soweit nicht bei anderer Gelegenheit davon zu sprechen ist, unberücksichtigt bleiben.

In F r a n k r e i c h sind die bedeutsamsten

Bronzegusswerke im 17. und 18. Jahrhundert entstanden. Doch dass man auch in früheren Jahrhunderten bereits die Gusstechnik beherrschte, geht aus der bereits angeführten Schrift des Etienne Boyleaux hervor. Und seit jener Zeit scheint diese Kunst eifrig weiter gepflegt worden zu sein. Benvenuto Cellini sagt, dass in der Gegend von Paris mehr Bronzegegenstände gegossen würden, als in der ganzen übrigen Welt, und der bekannte italienische Künstlerbiograph des 16. Jahrhunderts, Vasari, berichtet uns darüber bei Gelegenheit der Aufzählung von Primaticcios Werken, der sich mit anderen italienischen Künstlern unter König Franz I. längere Zeit in Frankreich, besonders in Fontainebleau, aufhielt.

Abb. 73. Andreas Schlüter, Denkmal des Grossen Kurfürsten in Berlin.

Vasari giebt an, dass Primaticcio vom Könige nach Italien gesandt wurde, um antike Bildwerke anzukaufen. Ausser Marmorskulpturen brachte er von einigen grossen Hauptwerken auch Gipsabgüsse mit nach Frankreich, um nach ihnen Reproduktionen in Bronzeguss auszuführen. Die Absicht wurde auch verwirklicht und Vasari bemerkt dazu: er wolle nicht verschweigen, dass Primaticcio zur Ausführung jener Statuen so treffliche Meister des Gusses hatte, dass die Güsse nicht nur genau ausfielen, sondern auch mit einer so reinen Oberfläche, dass sie des Ausputzens gar nicht bedurften. Als Giesser dieser zumeist noch erhaltenen Figuren und Gruppen werden unter anderen genannt: Pierre Bontemps, Francisque Rybon, Pierre Beauchesne und Benoist le Bouchet.

Ausser diesen Nachgüssen nach antiken Modellen bezeugen erhaltene, auch in der Erfindung eigene Werke französischer Künstler, dass man den Bronzeguss in Frankreich durchaus beherrschte. Jean Boucher goss sechs grosse, von Germain Pilon modellierte Gestalten für das in der Kathedrale von St. Denis aufgestellte Grabmal Heinrichs II. und Katherinas von Medici, das 1570 vollendet wurde. Etwa gleichzeitig wurden nach Modellen des Barthélemi Prieur, die jetzt im Louvre befindlichen Figuren der Pax, Justitia und Abundantia für das Grabmal des Kardinals Karl von Bourbon für dieselbe Kirche gegossen. Um das Jahr 1600 schuf Pierre Biard bedeutende Bronzegusswerke, von denen eine lebensgrosse weibliche Flügelgestalt: La Renomée jetzt im Louvre aufgestellt ist.

Das im Jahre 1608 bei Giovanni da Bologna in Auftrag gegebene, von Pietro Tacca im Modell vollendete Pferd zum Reiterdenkmal Heinrichs IV. von Frankreich, das auf dem Pont Neuf in Paris aufgestellt wurde, soll ebenso wie die zugehörige, von dem auch in der Giesserei erfahrenen Dupré modellierte Königsfigur im Jahre 1613 in Paris gegossen sein. Ueber die Art der Formung sind Nachrichten nicht erhalten. Das Denkmal wurde in mehreren Teilen und wohl ebenso, wie die vorher genannten französischen Erzwerke, im Wachsausschmelzverfahren gegossen.

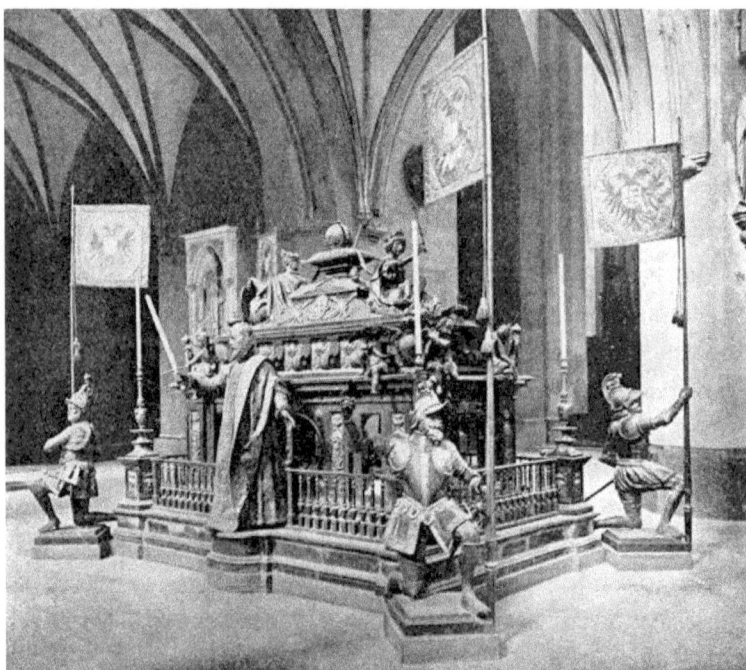

Abb. 74. Grabmal Kaiser Ludwigs des Bayern, München, Frauenkirche; zum Teil gegossen von Dionysius Frey aus Kempten.

Als Bildner und Giesser war Hubert Le Sueur thätig. Sein Hauptwerk, das im Jahre 1633 in Erzguss vollendete Reiterdenkmal Karls I. von England, wurde auf Charing Cross in London aufgestellt.

Abb. 75. Andreas Schlüter, Denkmal des Grossen
Kurfürsten in Berlin; Guss von Jacobi.

Abb. 76. Grupello, Denkmal des Kurfürsten Johann Wilhelm in Düsseldorf.

Im Jahre 1639 wurde im Auftrage Richelieus ein Reiterstandbild Ludwigs XIII. für die Place Royale in Bronze gegossen. Das Pferd dieses Denkmals war bereits im Jahre 1564 von Daniele da Volterra in Rom gegossen, die Königsfigur von dem genannten Biard d. J. in Paris.

Im Jahr 1647 führte Simon Guillain ein Denkmal des zehnjährigen Ludwigs XIV. aus, eine Art Triumphbogen auf Säulen mit Figuren in Bronze, das am Pont au Change aufgestellt wurde (Abb. 83). In Lyon goss um die Mitte des Jahrhunderts Marcelin Chaumont bedeutende Erzwerke.

Die zahllosen Bronzegussarbeiten, die für die königlichen Gärten und Schlösser hergestellt wurden, können hier nicht näher gewürdigt werden, der Hinweis darauf möge genügen. Die tüchtigsten Bildhauer und Giesskünstler — unter den letzteren besonders Ambroise Duval und die Brüder Keller — wirkten gemeinsam daran. In der zweiten Hälfte des 17. Jahrhunderts nehmen mehr noch wie vorher die zur Verherrlichung des Königtums geschaffenen, für öffentliche Plätze bestimmten Erzmonumente unser ganzes Interesse in Anspruch.

In Paris allein befanden sich mehrere grosse Bronzebilder Ludwigs XIV. Im Jahre 1686 vollendete der Niederländer Martin Desjardins ein 13 Fuss hohes Standbild des Königs für die Place des Victoires (Abb. 84). Der Künstler leistete auch als Giesser tüchtiges, und es wird ausdrücklich erwähnt, dass er den ungeteilt ausgeführten Guss dieses Denkmals leitete. Bemerkt sei allerdings, dass dieses Standbild, wie jüngere Berichte wissen wollen, in vergoldetem Blei hergestellt wurde.

Ein anderes Standbild des Königs wurde nach dem Modelle des ebenfalls als Giesser thätigen Coysevox 1689 im Hôtel de Ville errichtet.

Im Jahre 1687 wurde angeblich auf dem Vendômeplatz in Paris bereits ein Reiterdenkmal Ludwigs XIV. enthüllt, das nach dem Modelle Girardons, eines Erzgiessers Sohn, ausgeführt, aber da es als zu klein befunden, der Stadt Beauvais überlassen wurde.

Im Jahre 1699 wurde dann das zweite 21 Fuss hohe Reitermonument Ludwigs an Stelle des ersten aufgestellt (Abb. 85). Das Modell hatte wiederum Girardon geschaffen. Der Guss wurde von Balthasar Keller ausgeführt.

Im Auftrage des Marschalls von Boufflers begann Girardon 1694 mit der Ausführung eines Reiterbildes des Königs, das im Jahre 1701 in Boufflers in der Picardie aufgestellt wurde. Bereits 1674 soll ein von Girardon modelliertes und von Keller gegossenes Reiterdenkmal des Königs in Lyon aufgestellt worden sein.

Ein zweites Reiterdenkmal desselben Fürsten von Desjardins hatte diese Stadt auf der Place Bellecour aufzuweisen.

Etienne Lehongre goss, wie es heisst im Jahre 1690, selbst in einem Guss nach eigenem Modell eine Reiterstatue Ludwigs, die im Jahre 1725 auf der Place Royale in Dijon aufgestellt wurde.

Coysevox führte ausser dem bereits erwähnten Standbilde noch im Jahre 1685 ein Reiterdenkmal des grossen Königs für Rennes aus. Schliesslich wurde auch in Montpellier im Jahre 1718 ein Denkmal dieses Fürsten errichtet, das in Paris gegossen wurde nach dem Modelle der Flamländer Mazeline und Utrels.

Abb. 77. Raphael Donner, Brunnen auf dem
Neumarkte in Wien.

Abb. 78. Raphael Donner, Brunnen auf dem
Neumarkte in Wien.

Abb. 79. Raphael Donner, Brunnen auf dem
Neumarkte in Wien.

Abb. 80. Raphael Donner, Perseus und Andromeda,
Rathausbrunnen in Wien.

Abb. 81. Raphael Donner, St. Martin, Pressburg.

Abb. 82. Zauner, Denkmal Josephs II. in Wien.

Abb. 83. Sim. Guillain, Denkmal des zehnjährigen
Ludwigs XIV., ehemals Paris, Pont au Change (nach
Stich in Description de Paris, Paris 1742, Bd. I).

Die Reihe der Denkmäler des "Sonnenkönigs" ist damit
nicht erschöpft, doch dürften die bedeutendsten, die
übrigens sämtlich in der grossen Revolution zerstört
wurden, aufgezählt sein.

Bis gegen Ende des 17. Jahrhunderts war es in Frankreich
üblich gewesen, in den Arsenalen abwechselnd
Kriegsmaterial und Bildwerke zu giessen. Erst auf

Veranlassung Louvois' wurde das von Heinrich II. im Jahre 1549 begründete Pariser Arsenal umgewandelt in eine "fonderie royale des statues et autres ouvrages pour les bâtiments du roi." Leiter dieser königlichen Kunstgiesserei wurde im Jahre 1684 als Commissaire générale des fontes de France der genannte Johann Balthasar Keller, ein Schweizer von Geburt, der aber auf Veranlassung eines älteren, schon vor ihm in Paris ansässigen Bruders, erst dort die Giesserei erlernt hatte. Keller wurde verpflichtet, alle ihm vom Marquis de Louvois für den König in Auftrag gegebenen Statuen im Wachsausschmelzverfahren — à cire perdue — zu giessen. Für jede Statue in der Höhe zwischen sechs und acht Fuss erhielt er 1200 Francs, doch sollte er dafür die Wachsmodelle von den geschicktesten Bildhauern nacharbeiten lassen und alles für die Herstellung der Form Notwendige auf eigene Kosten beschaffen, nur das Gussmaterial wurde ihm geliefert. Für jede Statue, die die Höhe von acht Fuss überschritt, sollten ihm 300 Francs mehr gezahlt werden und für jede Figur, die nicht die Grösse von fünfeinhalb Fuss erreichte, 300 Francs weniger.

Joh. Balth. Keller arbeitete gemeinsam mit seinem Bruder Joh. Jakob Keller. Die von ihnen geleitete Giesshütte ist in aller Welt berühmt geworden; über das von ihnen angewendete Verfahren wird noch zu sprechen sein.

In Frankreich blieb auch im Verlauf des 18. Jahrhunderts die Bronze das geschätzteste Material für Bildsäulen; eine Reihe grosser, allerdings ebenfalls in der Revolution zerstörter Fürstenbilder legen weiter Zeugnis dafür ab. Die Technik änderte sich nicht, nur in nebensächlichen Einzelheiten schwankte man in der Ausübung des Wachsverfahrens.

Zu Ehren Ludwigs XV. gesetzte Denkmäler haben die französischen Giesser um die Mitte des 18. Jahrhunderts in erster Linie beschäftigt.

Im Jahre 1743 wurde in Bordeaux ein Reiterbild des Königs nach dem Modelle des Bildhauers Jean Bapt. Lemoyne aufgestellt (Abb. 86). Der Guss — der erste dieser Art wieder in Frankreich seit etwa vierzig Jahren — wurde von Varin ausgeführt, er misslang zunächst; nur die Hälfte der Form wurde mit Metall gefüllt, doch durch einen geistreichen Einfall des Giessers wurde, wie es heisst, der Schaden geheilt, ohne den gelungenen Teil zu verlieren. Varin verfuhr in derselben Art, die der französische Bildhauer Falconet bei ähnlicher Gelegenheit anwandte. Falconet war von Katharina II. im Jahre 1766 nach Petersburg berufen worden, um das bekannte Reiterdenkmal Peters des Grossen auszuführen (Abb. 107). Auch ihm gelang nur der Guss der unteren Hälfte des Denkmals. Nach Abräumung des oberen Formteiles wurde der Metallrand gerade gesägt und mit schwalbenschwanzförmigen Einschnitten versehen, darauf wurde der nicht gelungene Teil über dem Kerne neu in Wachs ausgeführt, die Form wieder vervollständigt, und in einem zweiten Guss gelang die Herstellung vollkommen.

Lemoyne schuf ausser dem genannten Denkmal noch im Jahre 1754 ein Standbild Ludwigs XV. für Rennes (Abb. 87). Dieses Denkmal wurde ebenso wie das im Jahre 1758 nach dem Modelle Edme. Bouchardons in Paris vollendete bekannteste Reiterbild jenes Fürsten (Abb. 88 u. 89) von Gor in Paris gegossen. Von Barthélemi Guibal wurde nach eigenem Modell in Luneville im Jahre 1755 ein Königsdenkmal in Bronzeguss für die Place Royale in Nancy ausgeführt (Abb. 90), und im Jahre 1763 ebensolch ein Monument für Rheims, das nach dem Modelle des Jean Bpste. Pigalle ebenfalls von Gor gegossen wurde (Abb. 91).

Die zahlreichen grossen Reiterdenkmäler, die im 17. und 18. Jahrhundert in Frankreich entstanden, gewinnen für uns ein ganz besonderes Interesse noch dadurch, dass uns ein paar grosse, mit zahlreichen Kupfertafeln ausgestattete Werke über ihre Ausführung eingehendste Nachricht geben.

Das zuerst erschienene, von Boffrand in Paris im Jahre 1743 herausgegebene, bereits verschiedentlich angeführte Werk beschreibt die ungeteilte Einformung und den Guss der Statue Ludwigs XIV., die im Jahre 1699 von Keller nach Girardons Modell gegossen wurde, das zweite von Mariette im Jahre 1768 herausgegebene Werk den Guss des Denkmals Ludwigs XV., das nach dem Modelle Bouchardons 1758 von Gor im Erzguss vollendet wurde.

An der Hand dieser Werke und mit Hilfe einiger der dort gegebenen vortrefflichen Abbildungen soll die Herstellung eines grossen Reitermonumentes noch näher behandelt werden.

Doch bevor darauf eingegangen wird, soll auf eine in manchen Punkten besonders interessante allgemeiner gefasste Beschreibung der damals in Frankreich geübten Gusstechnik, die sich in Félibiens Werke: Des principes de l'architecture etc. Paris 1697 findet, die Aufmerksamkeit gelenkt werden.

In diesem Werke wird von dem Wachsausschmelzverfahren eine ausführliche Darstellung gegeben, von anderen Formungsverfahren ist bezeichnenderweise gar nicht die Rede, für künstlerische Zwecke kam also nur jenes Verfahren in Betracht.

Die von Félibien beschriebene Art der Formherstellung ist gegenüber der von Cellini angegebenen vereinfacht. Die Vorarbeiten sind im allgemeinen in beiden Fällen gleich. Vom Modell, das in einer Mischung aus Thon von Arcueil und Sand von Belleville hergestellt wird, nimmt man eine Gipsform aus Teilstückchen, die (nach Félibien) in horizontal getrennten Mantelschichten vereinigt und darin in derselben Weise befestigt werden, wie Cellini angiebt.

Nachdem die Gipsteilform vollendet ist, wird sie wieder vom Mantel abgehoben, und die einzelnen inneren Formstücke werden mit Oel oder nötigenfalls nach vorhergehender Erhitzung mit Wachs getränkt. Dann wird die Innenseite der Formstücke mittels Pinsel mit einer, je nach der Jahreszeit verschieden zusammengesetzten Wachsmischung bestrichen, und dieser Auftrag so oft wiederholt, bis die Wachsschicht die Stärke der künftigen Metallwandung erreicht hat. Darauf wird auf einer festen Grundlage ein Eisengerüst gebaut mit einem oder zwei Querstäben, die nach der Form des Modells gebogen und von Zeit zu Zeit durchbohrt sind, um weitere Eisenstäbchen zur künftigen Unterstützung des Kernes hindurchstecken zu können. Der Kern wird nun über dem Gerüst in der gleichen Art hergestellt, die auch Cellini als die beste angiebt, d. h. er wird schichtweise von unten anfangend über dem Kerngerüst in der zugleich damit, Schicht auf Schicht zusammengesetzten, bereits mit der Wachsschicht versehenen Form aufgetragen.

Von Interesse ist es aber, dass Félibien bei dieser Gelegenheit sagt, dass noch einzelne Giesser sich des Verfahrens bedienten, das "die Alten" angewendet hätten. Sie modellierten über einem Eisengerüst den Kern aus einer Mischung von Töpferthon, Pferdemist und Scherwolle, genau dem Modelle gleich. Von der ganzen Oberfläche entfernten sie darauf wieder eine Schicht in der Dicke der gewünschten künftigen Metallwandung und ersetzten sie nach dem Trocknen des so gewonnenen Kernes durch eine Wachslage, der nun wieder in allen Feinheiten die Form des Modells gegeben wurde.

Wenn in der zuerst angegebenen Art verfahren wird, muss von dem fertig gestellten Kerne die Gipsform mit Wachsschicht abgehoben werden, und seine Oberfläche, nachdem er getrocknet ist, mit der aus der Gipsform gelösten Wachslage belegt werden. Dann, sagt Félibien, könne der K ü n s t l e r die Wachsschicht überarbeiten und ihr eine erhöhte Anmut und gesteigerten Ausdruck in einzelnen Zügen verleihen — in der Haltung und Anordnung der Glieder sei natürlich nichts mehr zu ändern.

Schliesslich werden die in Wachs gebildeten Einguss- und Luftröhren angesetzt und über dem Ganzen wird der Formmantel hergestellt. Sehr sorgsam wird bei diesem wichtigsten Teile der Form verfahren.

Zunächst wird das Wachs mit einer aufs feinste zerstossenen und zerriebenen Mischung aus Zinnasche (potée) und Tiegelcement (ciment de creusets) etliche Male bestrichen und stets darauf geachtet, dass die kleinen im Auftrag entstehenden Risse gefüllt werden. Dann wird ebenfalls noch mit dem Pinsel dieselbe, jetzt jedoch mit Pferdemist und terre franche versetzte Mischung 6 bis 7 Mal aufgetragen, darauf eine 7–8fache Schicht, die nur aus Pferdemist und terre franche besteht. Und schliesslich wird die zuletzt verwendete Masse mit der Hand in stärkeren Lagen aufgetragen, aber stets die folgende Schicht erst, nachdem die letzte getrocknet ist.

Wenn das alles erledigt ist, kann die ganze Form erwärmt und das Wachs ausgeschmolzen werden. Nötig ist nur noch, die Form in der Dammgrube vor dem Schmelzofen einzustampfen, dann kann das flüssige Metall hineingefüllt werden.

**Abb. 84. Martin Desjardins, Denkmal Ludwigs XIV.,
ehemals Paris, Place des Victoires (nach Stich in
Description de Paris, Paris 1742, Bd. II).**

Beachtung verdient noch das von Félibien über die
Einformung von Reliefs Gesagte, weil allem Anscheine nach
dasselbe Verfahren zu verschiedenen Zeiten auch bei der
Herstellung von Vollfiguren angewendet wurde, indem man
diese in zwei Längsteilen formte und goss, die nachher
zusammengefügt wurden.

Abb. 85. Girardon, Denkmal Ludwigs XIV., ehemals
Paris, Vendômeplatz; Guss von Balthasar Keller
(Boffrand, s. S. 12).

Abb. 86. J. B. Lemoyne, Denkmal Ludwigs XV.,
ehemals in Bordeaux; Guss von Varin (nach Stich in
Patte, Monuments érigés en France à la gloire de Louis
XV. Paris 1765).

Die von dem Modell genommene Gipsform wird, wie
Félibien angiebt, mit einer Wachsschicht in der künftigen
Metallstärke ausgekleidet. Darauf wird auf das Wachs, also
auf die Rückseite, eine Gips- oder Thonlage gebracht, die
nur den Zweck hat, dem Wachs die nötige Haltbarkeit
während der Nacharbeit zu verleihen, sobald von der
Bildseite die Gipsform wieder abgelöst ist. Das
Bemerkenswerte ist nun, dass nicht, wie es sonst geschieht,

die Einguss- und Luftröhren an der Schauseite, sondern am Rande und auf der Rückseite der Wachslage angesetzt werden. Solange also die Rückseite noch mit einer haltgebenden Füllung versehen ist, wird die ganze Schauseite, wie es vorher beschrieben ist, in dünnen Schichten mit dem Gussmantel versehen, wenn dieser die notwendige Festigkeit erreicht hat, wird die Füllmasse von der Rückseite entfernt, dann werden Einguss- und Luftröhren angefügt. Schliesslich wird auch die Rückseite mit Einschluss der in Wachs vorgebildeten Röhren mit Formmasse bedeckt. Im übrigen wird in der bekannten Weise weiter verfahren.

Ein in dieser Art hergestelltes Relief wird der Ueberarbeitung durch Ciselierung bei gutem Gelingen des Gusses überhaupt nicht bedürfen.

Cellini beschreibt auch die Einformung seines bekannten Reliefs der "Nymphe von Fontainebleau", ohne aber ähnliche Angaben zu machen.

Aus den Werken von Boffrand und Mariette sind im folgenden die Tafeln nur soweit wiedergegeben, wie es zur Verdeutlichung der verschiedenen Formungsstadien notwendig schien. Die Tafeln des jüngeren Werkes wurden der grösseren Klarheit wegen bevorzugt, nur eine in Einzelheiten abweichende Abbildung Boffrands wurde der entsprechenden in Mariettes Werk gegenübergestellt; soweit nichts anderes bemerkt ist, war das beschriebene Verfahren in beiden Fällen dasselbe.

Abb. 92.

Ansicht der Gipsteilform. Die entfernten Teilstücke gestatten den Blick auf das eingeschlossene Modell.

Abb. 93.

Blick in die der Länge nach horizontal durchschnittene

Gipsform, aus der das Modell entfernt ist.

Erkennbar ist die doppelte Schicht der Formstücke. Kleine, von allen Feinheiten leicht abhebbare Stücke werden in grösseren, starken zusammengefasst (vgl. Abbildung 21 S. 36). Die kleinen, quadratischen Oeffnungen am Bauch und die geraden Durchbohrungen der Formwandung sind für die Aufnahme des Eisengerüstes bestimmt. Die Oesen in den kleinen runden Vertiefungen sind als Handhaben bestimmt, die übrigen Einschnitte sind Lagermarken, um ein genaues Zusammenpassen der Formstücke zu ermöglichen.

Abb. 94.

Blick in die der Länge nach horizontal durchschnittene Gipsform, die in der Dammgrube über dem Eisengerüst zusammengebaut und bereits mit der Wachsschicht ausgelegt ist, die die künftige Metallstärke darstellt.

Abb. 95.

Ansicht der Dammgrube, in der das Eisengerüst zur Unterstützung des Kernes in seinen Hauptteilen aufgebaut ist. Oben sieht man das Stichloch (die Ausflussöffnung für das Metall) am Ofen.

Abb. 96.

Ansicht der in der Dammgrube völlig zusammengesetzten, mit der Wachslage versehenen Gipsform, in die durch Oeffnungen von oben die flüssige Kernmasse, bestehend aus Gips und Ziegelmehl, eingefüllt wird.

Bei der Einformung der Statue Ludwigs XIV. wurde die Kernmasse nicht flüssig eingebracht. Keller wandte das auch von Cellini als das beste gekennzeichnete Verfahren an, er setzte die mit Wachs bekleidete Gipsform von unten anfangend schichtweise zusammen und im Aufbauen füllte er mit kompakter Kernmasse aus. Nur die schwer mit der

172

Hand erreichbaren Teile, wie den Schwanz, das erhobene Bein, den Kopf und einen Teil vom Halse des Pferdes und die ganze Königsfigur wurden mit einem Brei aus Gips und Ziegelmehl ausgegossen.

Abb. 97.

Die Abbildung stellt einen Zustand dar, der bei der Ausführung in Wirklichkeit nicht erreicht wird. Die von der Gipsform befreite Wachslage schwebt über dem Kerngerüste. Gezeigt sollen werden alle die Vorrichtungen, die ausser dem Hauptgerüst notwendig sind, dem Kerne selbst und dem Wachse daran den nötigen Halt zu geben. Der ganze Körper ist im Innern mit Drahtwolle gefüllt. T-förmige Haken greifen in die Wachsschicht ein, ihr herausragender Teil wird künftig von der Kernmasse gehalten.

Abb. 87. J. B. Lemoyne, Denkmal Ludwigs XV.,
ehemals in Rennes; Guss von Gor (Abb. aus Patte, s.
oben).

Abb. 88. Bouchardon, Denkmal Ludwigs XV., ehemals in Paris, Place de Louis XV. (Place de la Concorde). (Abb. aus Patte, s. o.)

Abb. 98.

Ansicht des für die Einformung vorbereiteten Wachsmodells mit dem Netz der ebenfalls in Wachs vorgebildeten Eingussröhren und Luftkanäle. — Die Luftkanäle sind gekennzeichnet durch oben daraus entweichenden Rauch; sie unterscheiden sich von den

175

Eingussröhren dadurch, dass ihre Nebenzweige vom Modell aus ansteigen, während dieselben bei den Gussröhren umgekehrt gerichtet sind. Der Giesser Gor nahm diese Anordnung als eine von ihm eingeführte Neuerung in Anspruch. Zum wenigsten wird er von Zeitgenossen dieser Einrichtung wegen, durch die, wie bereits früher gezeigt ist, das flüssige Metall gezwungen wird, zuerst die unteren Teile der Form zu füllen, besonders gepriesen. Cellini verfuhr in derselben Weise.

Balth. Keller wandte, wie die Abbildung 99 des Boffrandschen Werkes erkennen lässt, diese Sicherheitsmassregel nicht an, obschon sie ihm vermutlich nicht unbekannt war.

Noch zu bemerken ist, dass Keller das in Wachs vorgebildete Rohrnetz, damit es sich selbständig zu tragen vermöchte, aus Hohlstäben fertigte; Gor befestigte die Wachsstäbchen mit dünnen Stiften, wie die Abbildung erkennen lässt.

Abb. 100.

In dieser Abbildung ist das Ausschmelzen des Wachses und das Verglühen der Form dargestellt. In den ausgesparten Hohlräumen zwischen Form und Dammgrube ist Holz entzündet, das Wachs läuft unten aus Oeffnungen ab, die später wieder verstopft werden.

Zur Vervollständigung der Abbildungsfolge sei hier hingewiesen auf die Abbildungen 5 u. 6.

Dargestellt ist dort der Beginn des Gusses. Die Werkleute sind bereit, die die Einflussöffnungen verschliessenden Eisenstöpsel herauszuheben, sobald die Mulde über diesen Oeffnungen mit flüssigem Erz gefüllt ist.

Abb. 102.

Längsschnitt durch die Gussform mit dem Wachsmodell.

Die innere, das Wachs zunächst umschliessende Formmasse, "potée" genannt, besteht aus Lehm, Pferdemist, gepulverten weissen Tiegeln und Rinderhaaren. Durch eine Ziegelummauerung wird diese Schicht gefestigt.

Abb. 103.

Das von der Form befreite Reiterbild wird aus der Dammgrube gewunden.

Abb. 104.

Seiten- und Oberansicht der mit Eisenbändern armierten Gussform.

Abb. 89. Paris, Place de Louis XV. mit dem Denkmal Bouchardons (Abb. aus Patte, s. o.).

Abb. 90. B. Guibal, Denkmal Ludwigs XV., ehemals in
Nancy (Abb. aus Patte, s. oben).

Abb. 91. B. Pigalle, Denkmal Ludwigs XV., ehemals in Reims; Guss von Gor (Abb. aus Patte, s. oben).

Schon vorher wurde darauf hingewiesen, dass bereits im 12. Jahrhundert die Giesskunst in den Niederlanden hoch entwickelt war, hier möge in Anknüpfung daran hinzugefügt werden, dass eigentlich von vornherein den Meistern auf diesem Kunstgebiete die volle Entfaltung ihrer Kräfte im eigenen Lande sehr erschwert wurde; ihren Schaffensdrang konnten sie zumeist nur ausserhalb der Heimat bethätigen. Schon aus den letzten Jahrhunderten des Mittelalters finden sich zahlreiche niederländische Erzgusswerke — vor allem Grabplatten — in den Kirchen der benachbarten Länder, in erster Linie Englands.

Im 16. Jahrhundert waren Niederländer Bildgiesser, wie

gezeigt wurde, besonders in Italien und im 17. Jahrhundert in Deutschland mit grossen Aufgaben beschäftigt.

Neben einigen hochbedeutsamen Erzgusswerken in Kirchen flandrischer Städte, wie z. B. in Brügge den Grabmonumenten der Maria von Burgund, 1502 von Pierre de Beckere und Karls des Kühnen von J. Jongelinck 1558 vollendet, sind frei aufgestellte bronzene Denkmäler nur wenig geschaffen worden.

Das um die Mitte des 16. Jahrhunderts in Antwerpen aufgestellte Reiterdenkmal Albas von J. Jongelinck wurde bereits 1576 wieder zerstört.

Von den Denkmälern des 17. Jahrhunderts sind erhalten das 1620 von P. de Keyzer vollendete Standbild des Erasmus in Rotterdam und die ja allerdings nur kleine, aber allgemein bekannte, anmutige Brunnenfigur des Maneken-pis in Brüssel von Franc. Duquesnoys 1619 ausgeführt.

In den bisher nicht näher besprochenen europäischen Kulturländern erlangte die Erzgusstechnik eine höhere Bedeutung erst in der Renaissancezeit oder noch später. Die Formungsart blieb überall bis teils noch in die ersten Jahrzehnte des 19. Jahrhunderts das Wachsausschmelzverfahren. Italienische und in jüngerer Zeit französische Kunstgiesser waren dort die Lehrmeister, wo man die Gusstechnik für umfangreichere figürliche Monumente vorher nicht anzuwenden verstand.

In S p a n i e n dürften die ersten grossen freiplastischen Bronzegusswerke im 16. Jahrhundert von der Hand italienischer Künstler entstanden sein. Ausser zahlreichen, besonders im Escurial erhaltenen Erzskulpturen des Paduaners Leone Leoni (1509–90), seines Sohnes Pompeo (Abb. 101) und seines Enkels Miguel, ist des ersteren Reiterstandbild Karls V. in Madrid zu nennen. Als Merkwürdigkeit mag dabei erwähnt werden, dass die

Kaiserfigur zunächst unbekleidet und der lose darüber befestigte Harnisch für sich gegossen wurde.

Eine weitere Bronzebildsäule Kaiser Karls soll für Aranjuez geschaffen sein.

Im Jahre 1568 soll bereits ein spanischer Meister eine grössere Figur für den Turm der Kathedrale von Sevilla in Bronzeguss ausgeführt haben.

Die Reiterdenkmäler spanischer Könige, die im 17. Jahrhundert entstanden, sind wiederum Werke italienischer Künstler. Ein Reiterstandbild Philipps III. (Abb. 105) wurde nach dem Modelle des Giovanni da Bologna von Pietro Tacca gegossen und im Jahre 1616 beim Palaste del Campo bei Madrid aufgestellt. Tacca schuf auch das kühne Reiterdenkmal Philipps IV. (Abb. 106), das 1640 nach Buen Retiro gebracht wurde und jetzt in Madrid auf der Plaza de Oriente steht.

Bei dem Reiterbilde Philipps IV. wurde in weit grösserem Massstabe, wie es Kaspar Gras und Heinrich Reinhardt bei ihrer Statue des Erzherzogs Leopold in Innsbruck (vergl. S. 58) gelungen war, der Reiter auf springendem Pferde dargestellt — ein später noch häufiger wiederholtes Motiv.

Solch einem gewaltigen, nur auf den Hinterbeinen und dem langen Schweife des Pferdes ruhenden Gusskörper den notwendigen Halt zu geben, musste mit grössten Schwierigkeiten verbunden sein, die freilich weniger gusstechnischer Art sind, denn das Formungsprincip wird nicht dadurch berührt; auf die geeignete Verteilung und innere Festigung der Metallmassen kommt es vor allem an.

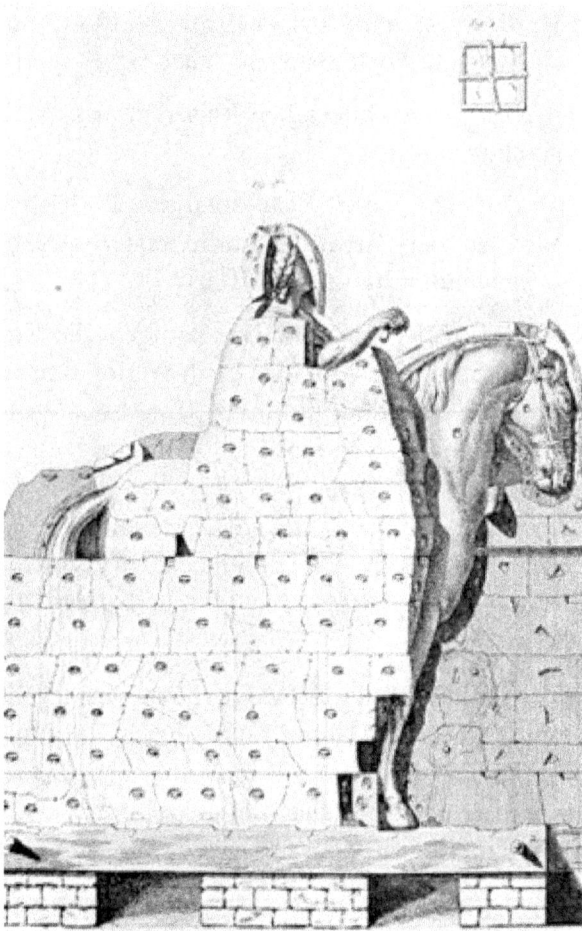

Abb. 92. Gipsteilform (nach Mariette). Text S. 78.

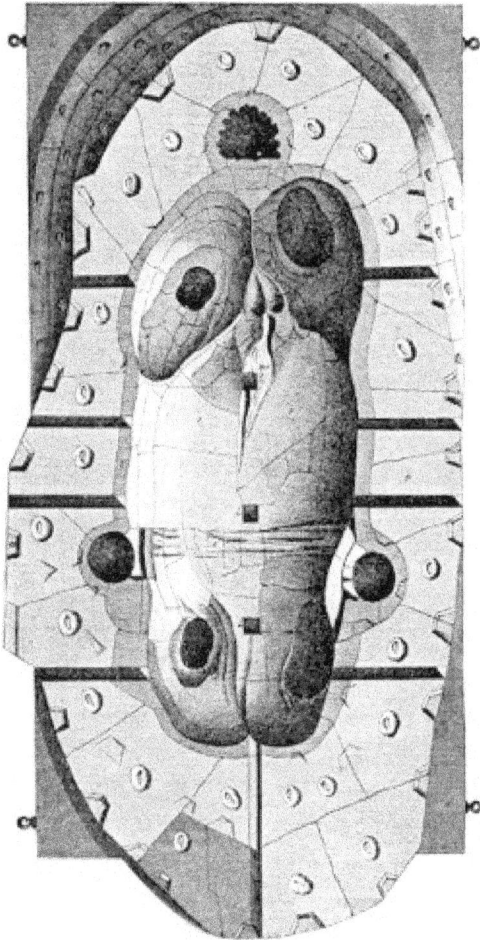

**Abb. 93. Querschnitt durch die Gipsteilform (nach
Mariette). Text S. 78.**

Das Denkmal wurde, wie es damals in Italien wohl
zumeist geschah, in Teilen geformt und gegossen; der Rumpf
des Pferdes wurde in zwei Hälften, das ganze Pferd in
vierzehn Stücken gegossen.[18]

Selbst für weniger umfangreiche Gusswerke zog man im
17. Jahrhundert in Spanien noch italienische Meister herbei.
So soll 1621 Aless. Algardi die Bronzegruppen für die

Neptuns-Fontaine in Aranjuez gegossen haben.

Erst seit den dreissiger Jahren des 19. Jahrhunderts giebt es in Spanien Bildgiessereien, die auch grösseren Aufgaben gewachsen sind.

In Portugal ist nur ein grösseres Bronzemonument von einiger Bedeutung hervorzuheben, das 1774 nach dem Modell des Machado de Castro von Bartolomeo de Costa gegossene Reiterstandbild Josephs I.

In England entstanden grosse, rundplastische Bronzegusswerke erst im 17. Jahrhundert.

Ein französischer Meister Le Sueur schuf im Jahre 1638 das bereits angeführte, auf Charing-Cross in London stehende erzene Reiterbild König Karls I., und, wie es heisst, noch ein zweites, das sich ehemals in Rohampton befunden haben soll.

Im Jahre 1685 entstand bereits von der Hand des Engländers Grinling Gibbons eine Bronzestatue Jakobs II., die im Whitehall-Hofe in London aufgestellt wurde. Ein Bronzestandbild Heinrichs VI. von Franc. Bird (1667–1731) im Eton-college würde sich den genannten zeitlich anschliessen.

Der Niederländer J. M. Rysbrack (1693 bis 1770) führte für Bristol ein Reiterdenkmal Wilhelms III. aus.

Ein Landsmann jenes Künstlers John van Nost schuf nach der Mitte des 18. Jahrhunderts für Dublin die Reiterstatuen Wilhelms III. und Georgs II., die in College und Stephen's Green aufgestellt wurden.

Das in St. James Square im Jahre 1808 errichtete Reiterdenkmal Wilhelms III. ist ein Werk des jüngeren John Bacon.

Zu Anfang des 19. Jahrhunderts soll sich auch ein

Reiterdenkmal Georgs I. in vergoldeter Bronze im Grosvenor-Square, ein anderes gleichartiges Monument desselben Königs auf dem Leicester-field-Platze in vergoldetem Blei befunden haben, die beide noch im Wachsausschmelzverfahren hergestellt worden sein dürften.

Noch später, wie in England, wird die Bronzegusstechnik der monumentalen Plastik dienstbar gemacht in Russland, Dänemark und Schweden.

In Petersburg befindet sich noch ein Reiterdenkmal Peters des Grossen, das zur Regierungszeit der Kaiserin Elisabeth (1741–65) von dem Italiener Rastrelli in Bronze gegossen sein soll.[19] Zu grösster Berühmtheit gelangte das bereits früher erwähnte Reiterdenkmal jenes Fürsten, das im Auftrage der Kaiserin Katharina II. von dem Franzosen Etienne Maurice Falconet modelliert und gegossen wurde (Abbild. 107). Im Jahre 1801 entstand das Bronzedenkmal Suwarows von Koslowsky. Und noch eine Reihe weiterer Erzgusswerke sind aus dem Ende des 18. und dem ersten Drittel des 19. Jahrhunderts in Russland erhalten, bei denen noch das Wachsausschmelzverfahren angewendet wurde. Im Jahre 1805 wurde auch in Petersburg eine Kaiserliche Giesshütte errichtet, die zuerst unter der Leitung Ekimoffs stand; es wird noch darauf zurückzukommen sein.

In Dänemark entstand das erste in Metallguss — dieses Mal in Blei — ausgeführte Reiterdenkmal König Christians V. in den achtziger Jahren des 17. Jahrhunderts von der Hand des Franzosen Lamoureux (Abb. 108). Fast hundert Jahre später im Jahre 1771 goss erst der bereits früher genannte Pariser Giesser Gor das Reitermonument Friedrichs V. nach dem Modelle seines Landsmannes Saly in Bronze (Abb. 109).

Französische und deutsche Künstler sind es auch, die in Schweden den Erzguss im Grossen heimisch machen. Im

Jahre 1770 goss der Giesser Meier das Standbild Gustav Wasas für Stockholm nach dem Modelle des Franzosen Larchevèque (Abb. 110). Dieselben Künstler führten auch im Jahre 1777 für Stockholm das Reiterbild Gustav Adolphs aus (Abb. 111). Noch im Wachsausschmelzverfahren dürfte auch das Standbild Gustavs III. nach dem Modelle des Schweden Sergel gegossen sein.

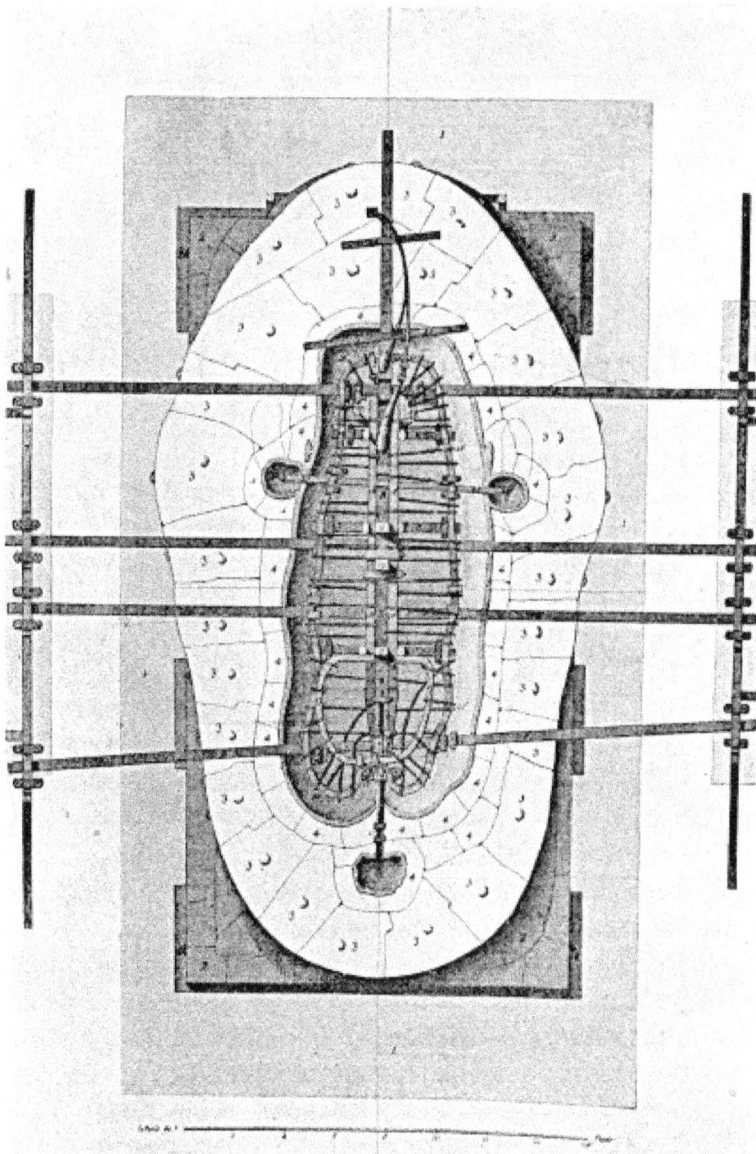

Abb. 94. Gipsform mit Wachslage und Kerngerüst im Querschnitt (nach Mariette). Text S. 78.

187

Abb. 95. Dammgrube mit Kerngerüst (nach Mariette).
Text S. 78.

Fußnoten:

[15] Vergl. D. v. Schönherr, Gesammelte Schriften. Innsbruck 1900.

[16] Vergl. Sponsel, Das Reiterdenkmal Augusts des Starken. Neues Archiv für Sächs. Geschichte und Altertumskunde. Bd. XXII. 1901.

[17] Vergl. Ellmauer, Le monument de Joseph II. Vienne 1807.

[18] Vgl. Justi: Die Reiterstatue Philipps IV. Zeitschrift für bild. Kunst 1882–83. S. 305ff. u. S. 387ff.

[19] Ein Italiener Rastrelli soll auch bereits im Auftrage Peters d. Gr. die in Petersburg öffentlich aufgestellten Bronzebildwerke nach Motiven Aesopischer Fabeln ausgeführt haben (Nagler, Künstl. Lex.).

IV. Die Teilformverfahren des 19. Jahrhunderts.

Die letzte grosse Blütezeit der Erzgusstechnik, die noch fortbesteht, soll in ihrem Entstehen und Gedeihen besonders auf deutschem Boden weiter betrachtet werden. Schwere Hindernisse eines erneuten Aufschwunges galt es zu überwinden; das Eisen sollte eine Vermittlerrolle spielen.

Die mannigfachen Fortschritte, die man gerade im Laufe des 18. Jahrhunderts auf dem Gebiete der E i s e ngusstechnik gemacht hatte, sollen hier nicht berührt werden, zum Staunen aller Welt war man schliesslich dahin gekommen, kleinere Bildwerke hohl in Eisen giessen zu können. Die Erfolge ermutigten zu weiteren Versuchen; französische, deutsche und englische Berichte der zweiten Hälfte des Jahrhunderts geben darüber Auskunft. Die deutschen Errungenschaften sind hier von besonderem Interesse.

Im deutschen Hüttenwerk L a u c h h a m m e r wurden, wie eine Chronik dieses Werkes berichtet, bereits im Jahre 1781 Versuche gemacht, mit Hilfe des Wachsausschmelzverfahrens figürliche Modelle in Eisen zu giessen. Diese ersten vom Bildhauer Thaddeus Ignaz Wiskotschil (1753–1795) angestellten Versuche misslangen, weil das Formmaterial ungeeignet gewählt war; das bei einem wesentlich höheren Hitzegrade flüssig werdende Eisen erfordert natürlich eine feuerbeständigere Formmasse als die Bronze. Einige Jahre darauf (1784) wurde aber eine von den Bildhauern Wiskotschil und Mättensberger nach der Antike in Wachs ausgegossene und poussierte Statue einer Bacchantin von den Giessern Klausch und Güthling in Lehm geformt und gelungen abgegossen. "So kam die

Erfindung des Kunstgusses in Eisen zu stande, und es wurden, was bisher noch keiner Eisengiesserei gelungen war, selbst die grössten Statuen und Gruppen aus dem Ganzen gegossen und kamen rein aus dem Gusse."

Die Chronik des Lauchhammer-Werkes berichtet seit dem Jahre 1784 getreulich über alle wichtigeren, in Eisen gegossenen Bildwerke, unter denen sich zahlreiche Figuren nach antiken Modellen, Büsten, Tiere, grosse Vasen, Postamente u. a. m. befinden.

Zu der Ausführung grosser Modelle in Bronzeguss war es in der That nur ein Schritt, denn gerade der Eisenguss erfordert sorgfältigste Herstellung der Form, dennoch wurden, als es sich schliesslich darum handelte in Deutschland ein paar Denkmalfiguren in Erz zu giessen, französische Meister herbeigezogen.

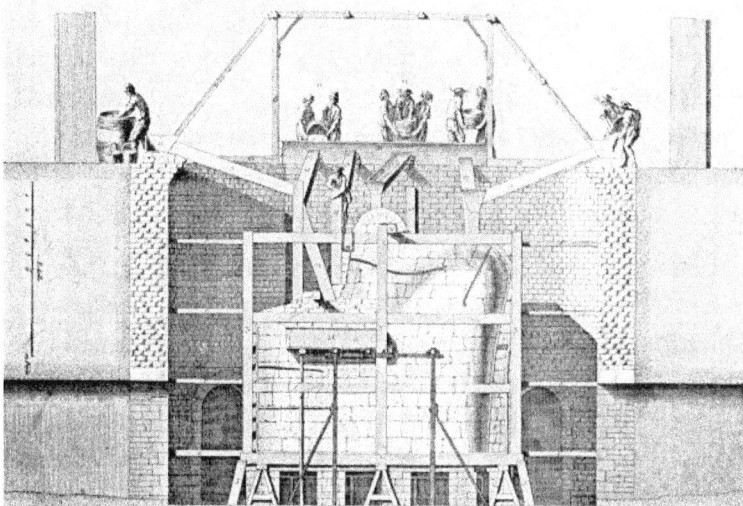

Abb. 96. Eingiessen der Kernmasse (nach Mariette). Text S. 78.

Die Gründe dafür sind nicht völlig klar ersichtlich, doch möchte man heute glauben, dass die Leistungsfähigkeit der deutschen Giesser von den Bildhauern gar zu gering

191

geachtet wurde.

Die Bildgiesserei des 19. Jahrhunderts bediente sich ganz überwiegend eines Formverfahrens, das vorher für künstlerische Zwecke nicht angewendet war, und bei dem das eigentliche Formmaterial ein mässig lockerer, meist durch Zusätze bildsam gemachter Sand war.

Der wesentlichste Unterschied aber zwischen den Sandformen und den im allgemeinen früher gebrauchten besteht darin, dass bei den Sandformen die Formhöhlung n i c h t aus einem unteilbaren oder aus sehr wenigen Stücken bestehenden Ganzen gebildet wurde, dass vielmehr das Wesen der Sandform auf der vielfachen Teilbarkeit beruht.

Wann und wo man begann, auch bei grossen Modellen zu der neuen Formungsart überzugehen, ist mit Sicherheit bisher nicht festgestellt, doch scheint es, als ob in der Anwendung auf den Kunstguss den Franzosen die Priorität eingeräumt werden muss; es wird sogar der französische Giesser Rousseau als der Entdecker der ausserordentlich mannigfaltig verwendbaren Sandformerei namhaft gemacht; er soll zuerst im Jahre 1798 Versuche damit angestellt haben.

Teilformen durchaus in der Art der noch näher zu beschreibenden Sandformen waren auch vor dem 19. Jahrhundert bereits bekannt und auch verwendet, in welchem Masse aber, und ob auch bei komplizierten grösseren figürlichen Modellen schon in den Jahrhunderten vorher davon Gebrauch gemacht wurde, ist nicht ganz leicht zu entscheiden; allem Anscheine nach hat man bis zum 19. Jahrhundert nur einfachste Modelle mit Hilfe von Teilformen in Erz gegossen. Billige Eisengusswaren wie Ofenplatten, Töpfe u. dergl. hat man seit vielen Jahrhunderten bereits auch in vielteiligen Sandformen hergestellt, der Bronzegiesser verwendete Lehm.

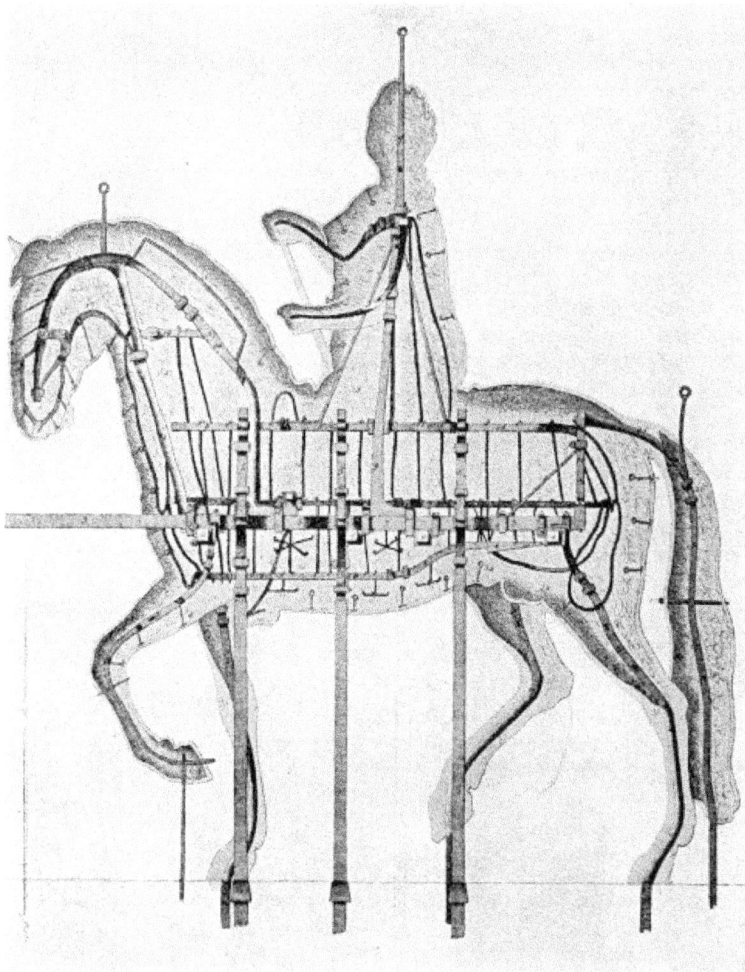

Abb. 97. Kerngerüst mit Wachsmodell, Durchschnitt (nach Mariette). Text S. 79.

Die L e h m t e i l f o r m muss als die eigentliche, wichtigste Vorstufe der modernen Sandteilform bezeichnet werden, die auch neben der letzteren nicht in Vergessenheit geraten ist.

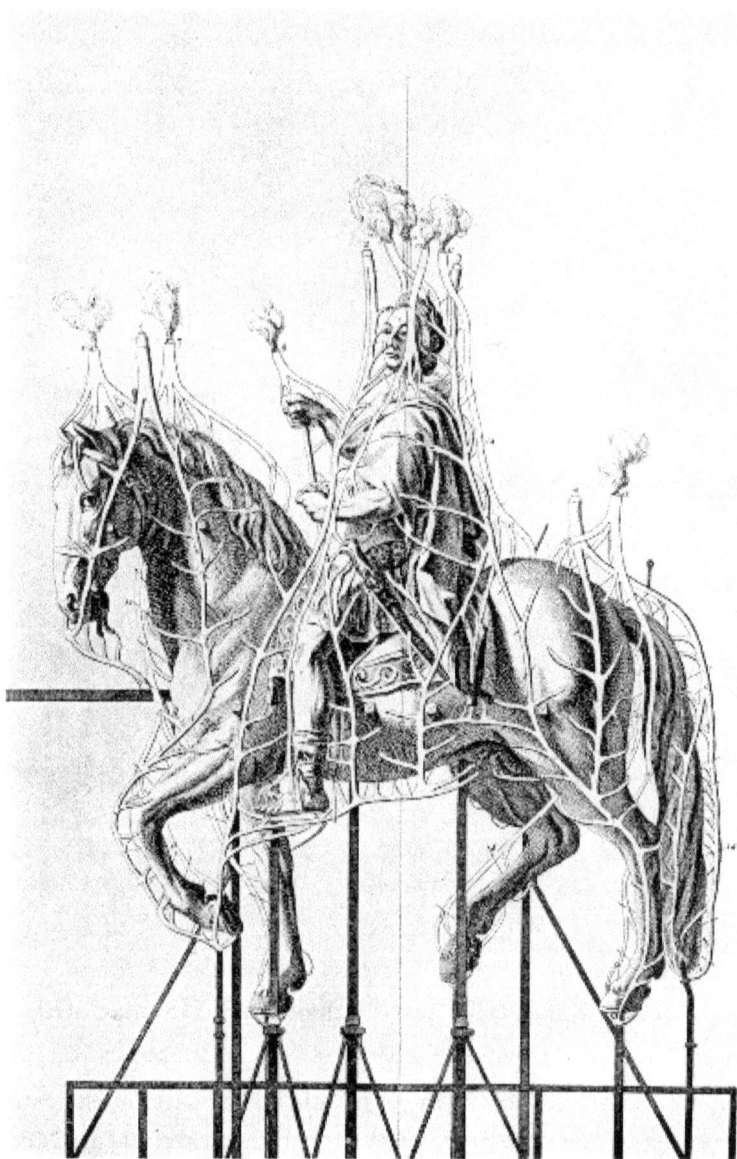

Abb. 98. Wachsmodell mit dem Netz der Guss- und
Luftkanäle (nach Mariette). Text S. 79.

Abb. 99. Wachsmodell mit dem Netz der Guss- und
Luftkanäle (nach Boffrand). Text S. 80.

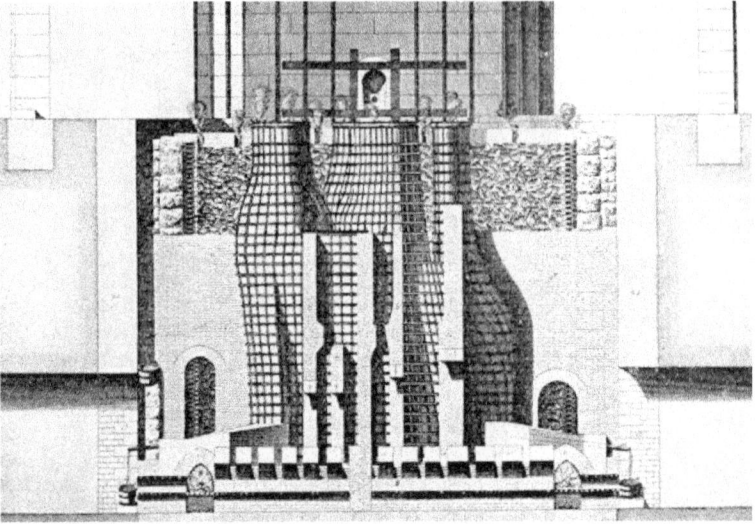

Abb. 100. Ausschmelzen des Wachses und Brennen der Form in der Dammgrube (nach Mariette). Text S. 80.

Abb. 101. Pompeo Leoni, Grabmal Philipps II., Madrid Escurial.

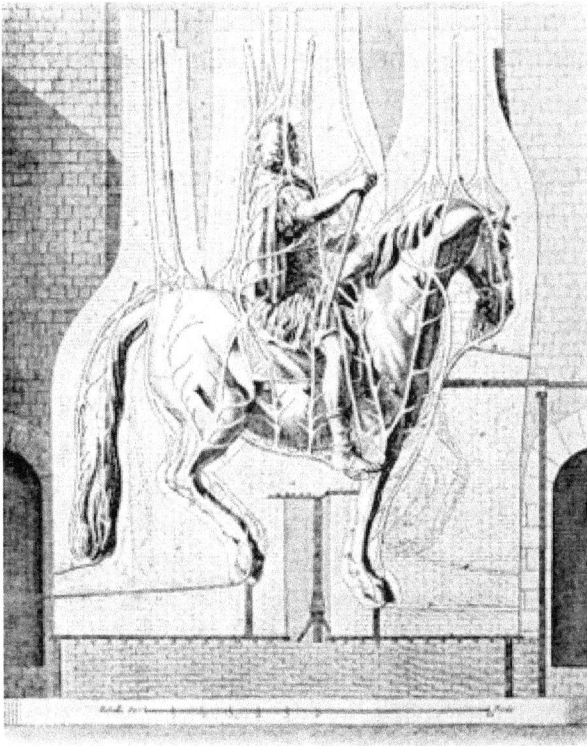

Abb. 102. Längsschnitt durch die Gussform mit dem Wachsmodelle (nach Mariette). Text S. 80.

Von den früher aufgezählten Gusswerken ist durchgehends angenommen, dass sie mit Hilfe von Wachs geformt seien und die Annahme dürfte zutreffen; zweifellos verstand man aber, zum wenigsten schon im 18. Jahrhundert, auch wohl umfangreichere figürliche Modelle mittels Lehmteilformen ohne Verwendung von Wachs in Erz zu giessen, wie aus dem von P. N. Sprengel im Jahre 1769 in Berlin herausgegebenen Werke: Handwerke und Künste (5. Sammlung S. 81ff.) hervorgeht. In diesem Werke ist die Teilformerei in Lehm in folgender Weise beschrieben: "Der Modellirer verfertigt ein Modell von Gyps oder Thon, das völlig die Grösse der künftigen Statue hat. Dieses Modell bestreicht man mit Oel und drückt es stückweise mit Lehm von neuem ab, dass alle Stücke zusammengesetzt inwendig eine Höhle bilden würden, die völlig die Gestalt des ersten Modells hat.... Alle Stücke müssen sich aber genau aneinanderpassen.... Mit diesen Stücken, die ein Zeichen erhalten, dass man sie wieder zusammenfinde, formt man jeden Theil der Statue besonders, z. B. die Füsse, die Arme, den Leib, und setzt alsdann alle Stücke zusammen. Die Dickte (d. h. die die künftige Metallstärke darstellende Schicht) machen die Giesser entweder von Wachs (Wachsausschmelzverfahren) oder... einige Künstler nehmen... statt des Wachses Lehm, und verfertigen mit dieser Masse die Dickte. Sie rollen nemlich den Lehm mit Rollhölzern, wie man den Teich zu den Kuchen rollt, und damit sie ihm eine gehörige Dicke geben können, die sich für jeden Theil der Statue schickt, so nehmen sie hiezu runde Hölzer mit Köpfen von verschiedener Stärke. Soll z. B. der Lehm ½ Zoll dick seyn, so ragen die runden Köpfe ½ Zoll über dem Rollholze selbst hervor. Diese dünnen Lehmblätter legt man statt des Wachses in die Stücke der Form, drückt sie gehörig ein, bestreut sie mit Asche und füllet gleichfalls den übrigen Raum mit Lehm aus. Kleine zierliche Stücke muss man aber doch von Wachs formen, weil der Lehm nicht in alle kleinen Fugen eindringt. Z. E. die Riemen von dem Reitzeuge und dem Panzer. Wenn alle Stücke trocken sind, so werden sie... durch Zapfen und Zapfenlöcher zusammengesetzt... Man muss aber dafür sorgen, dass beym Formen ein Loch an den Orten bleibe, wo man zur Haltbarkeit die schwebenden Theile durch Eisen mit den Hauptstangen (des Kerngerüstes) verknüpfen will.

Ist die Dickte von Lehm gemacht, so schneidet man sie vor dem Zusammensetzen weg, wenn der Kern befestigt (d. h. erstarrt) ist, und setzt blos den Kern und die Formstücke mit den angrenzenden Theilen zusammen. Man muss aber hiebey bemerken, dass die Formstücke die Anlage zum Mantel geben. Die Theile wurden zwar mit Lehm eingesetzt und verschmiert, allein schwebende Stücke muss man doch mit Draht oder auf eine andere Art unterstützen, dass sie nicht abbrechen. Ueber die zusammengefügten Formstücke, die, wie gesagt, statt der untersten (d. h. inneren) Lagen des Mantels dienen, wird Lehm geklebt, dem man… mit eisernen Bändern und Draht Haltbarkeit giebt. Die Guss- und Luftröhren werden… gehörig angebracht. Nimmt man beym Formen die Formstücke von den Theilen ab, so kann man bemerken, ob ein Theil (d. h. jeder Teil) seine gehörige Gestalt habe. Bey dieser… Art zu formen bleibt noch das Ausschmelzen des Wachses (das für die zarten Teile verwendet ist) und das Ausbrennen der Formen zu bemerken übrig, und beides bewirkt der Ofen unter dem Rost (auf dem die Form errichtet wird)."

Diese Darstellung dürfte im ganzen verständlich sein. Bei der Teilformerei fällt also die Gipshilfsform fort, die Gussform wird unmittelbar über dem Modelle ausgeführt. Alle Unterschneidungen müssen mit Hilfe oft sehr kleiner und zahlreicher Teilstückchen sogleich mit abgeformt werden, soweit man nicht etwa vorzieht, sie auszufüllen und erst durch den Ciseleur am Gussstück ausführen zu lassen. Das von Sprengel angegebene Verfahren, zarte und auch wohl unterschnittene Teile über Wachs zu formen, das nachher ausgeschmolzen wird — also eine gemischte Art der Formung — scheint im 19. Jahrhundert beim Bildsäulenguss nur ganz ausnahmsweise angewendet zu sein.

Abb. 103. Aufwinden des von der Form befreiten
Gusswerkes aus der Dammgrube (nach Mariette). Zum
Text S. 78ff.

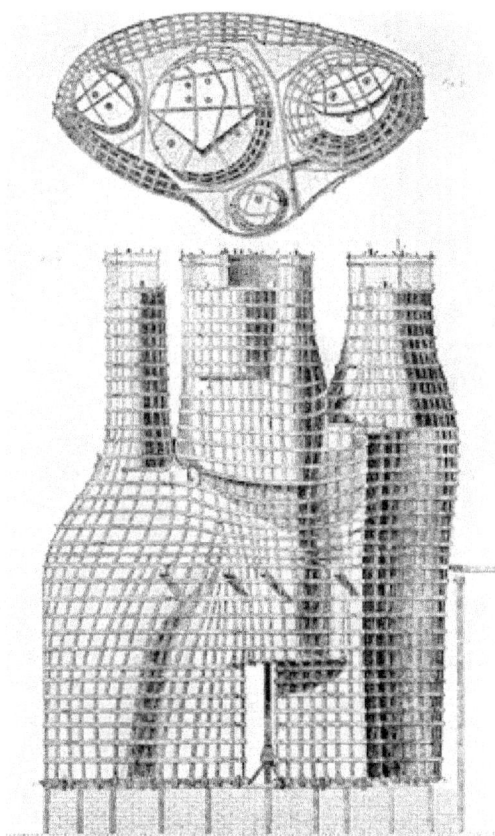

Abb. 104. Gussform mit Armierung (nach Mariette).
Text S. 80.

**Abb. 105. Giov. da Bologna, Denkmal Philipps III.,
Madrid; Guss von P. Tacca.**

Die S a n d f o r m e r ei ist der Lehmformerei ähnlich, man
verfährt im allgemeinen wie folgt.

In gleicher Weise wie bei der Lehmformerei bildet man
über dem aus Gips gefertigten Modell die Formstücke aus
Sand; jedes Teilstück muss für sich abhebbar sein. Man trägt
auf die mit einem Teilstücke zu bedeckende Modellfläche den
Formsand auf, klopft ihn mit einem Holzhammer fest an, so
dass er auch in sich den nötigen Halt gewinnt, dann
beschneidet man die Seiten so, dass sie im allgemeinen
normal zur Modellfläche gerichtet sind und versucht, ob
sich das Teilstück leicht abheben lässt. Darauf bepudert man
die Seitenflächen mit Holzkohlen- oder Lykopodiumpulver

und stellt dicht anliegend daneben in gleicher Weise die weiteren Formstücke her. Eine gewisse Anzahl solcher Teilstücke werden in grösseren Sandteilstücken vereinigt und diese hintergiesst man wiederum mit Gips, um ihnen einen festeren Zusammenhalt zu verleihen; auch diese Gipshinterlagen müssen an glatt beschnittenen Flächen aneinanderschliessen und unter sich wieder einzeln abhebbar sein, d. h. sie dürfen Rundungen höchstens zur Hälfte umschliessen. Ist nun das ganze Modell dieser Art mit Formstücken umhüllt, dann werden zunächst die Gipshinterlagen abgehoben, darauf auch die grösseren und kleineren Sandteilstücke, die dann wieder an ihren Platz im Gipsmantel gelegt und mit einem dünnen Stiftchen befestigt werden. Setzt man dann die Gipsmantelstücke mitsamt den Sandteilstücken wieder ohne Einschluss des Modelles zusammen, so gewinnt man eine Hohlform.

Weiter handelt es sich dann darum, den Kern herzustellen. Man bringt zu dem Zwecke in die mit Holzkohlenstaub oder dergl. bepuderte Form Formsand, der vorsichtig in alle Tiefen gedrückt wird. Grössere nicht sehr weite Formen wird man nicht sofort ganz zusammensetzen, schon weil nicht alle Tiefen von einer Oeffnung aus mit der Hand zu erreichen sein würden, man füllt im fortschreitenden Zusammensetzen den Kernsand ein. Um dem künftigen Kerne die nötige Festigkeit zu geben, wird er ein eisernes Gerüst einschliessen müssen in der Art, wie früher gezeigt wurde. Ist nun die ganze Hohlform sorgfältig mit Sand gefüllt, und hat dieser durch Klopfen und durch das innere Stabgerüst genügende Haltbarkeit bekommen, dann wird wiederum die Teilform abgenommen. Um das nun freigelegte, dem ursprünglichen Modell gleiche Sandgebilde als Kern für den Hohlguss benutzen zu können, ist es notwendig, ringsum mit geeigneten Schneideisen eine Schicht abzutrennen, die der Dicke der künftig gewünschten Metallstärke gleichkommt.

Es erübrigt dann noch, den Kern und die Teile des Formmantels zu trocknen, Giess- und Luftkanäle einzuschneiden, die Mantelteile wieder um den Kern herum zusammenzubauen, das Ganze durch eine Eisenumgürtung zu festigen und in der Dammgrube einzudämmen. Darauf kann in der früher beschriebenen Weise der Einguss des flüssigen Erzes geschehen.

Abb. 106. P. Tacca, Denkmal Philipps IV., Madrid.

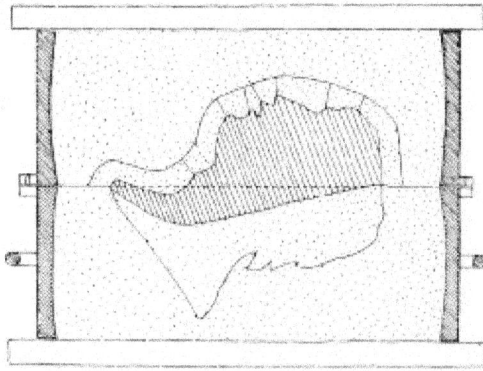

Abb. 112. Teilformerei in Sand (a). (Schema.)

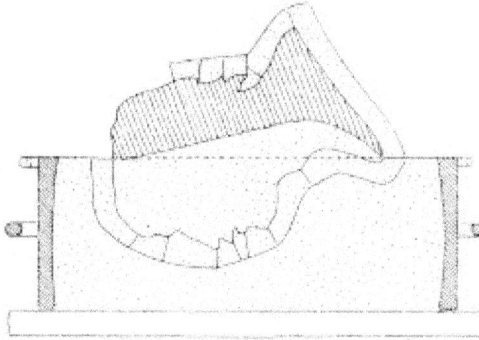

Abb. 113. Teilformerei in Sand (b). (Schema.)

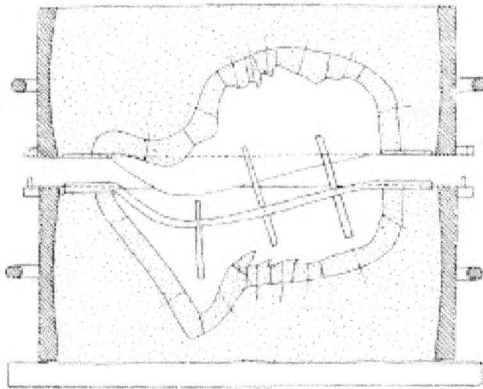

Abb. 114. Teilformerei in Sand (c). (Schema.)

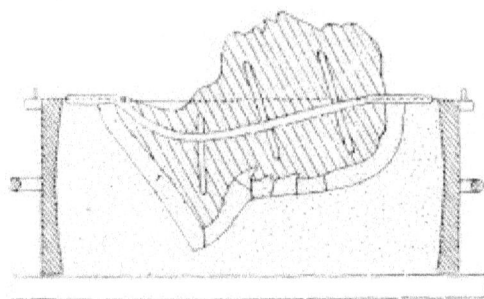

Abb. 115. Teilformerei in Sand (d). (Schema.)

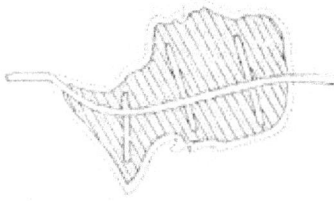

Abb. 116. Teilformerei in Sand (e). (Schema.)

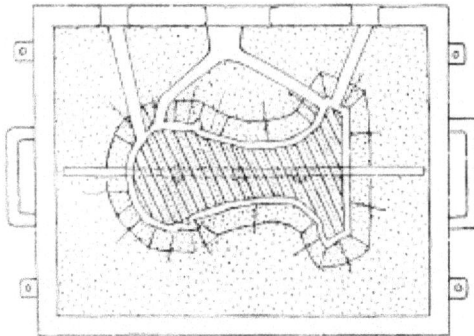

Abb. 117. Teilformerei in Sand (f). (Schema.)

Mancherlei grössere oder kleinere Abweichungen von dem vorstehend kurz beschriebenen Verfahren dürfen nicht unerwähnt bleiben.

Die Herstellung des Kernes geschieht z. B. vielfach in anderer Weise. Wird die Gussform unmittelbar zur Verfertigung des Kernes benutzt, so ist die Gefahr, dass beim Einklopfen des Sandes in die feinen Vertiefungen die Form Schaden leidet, sehr gross. Um dem vorzubeugen, kann man entweder eine zweite Sandhohlform herstellen, die nur zur Bildung des Kernes gebraucht wird, oder man fertigt auch den Kern in einer von dem ursprünglichen Modell genommenen Gipsform, doch pflegt dies nur zu geschehen, wenn eine solche ohnehin vorhanden ist, weil sie umständlicher herzustellen ist, wie eine zweite Sandform. Auch wird der Kern nicht immer durch und durch aus

Sand gefertigt; man kann auch die innere, bei grösseren Modellen leicht auszusparende Höhlung des Kernes mit einer Gipsmasse ausfüllen, wodurch ihm eine gesteigerte Festigkeit verliehen wird. Schliesslich kann auch bei Sandformen der Kern überhaupt in der früher angegebenen Art und in derselben Zusammensetzung etwa Gips, Ziegelmehl und Chamotte flüssig eingegossen werden, die Sandhohlform ist dann also zuvor mit einer die künftige Metallstärke darstellenden Thonschicht auszulegen.

Eine wesentlichere, zumeist geübte Abweichung des obigen Sandformverfahrens besteht aber darin, die Teilstücke der Sandhohlform nicht durch eine Gipshinterlage zusammenzuhalten, sie vielmehr ebenfalls in Sand zu betten, der von eisernen Formkästen oder Formflaschen umschlossen wird, deren Form quadratisch, länglich rechteckig, rund oder oval ist, je nach Erfordernis des Modelles. Wie es scheint, ist diese letzte Methode die etwas jüngere.

Von dem in den Jahren 1820–23 in Eisenguss ausgeführten Denkmale auf dem Kreuzberge in Berlin soll nur bei der Gussform der ersten Figur ein Gipsumguss angewendet worden sein, bei den übrigen soll man aber eiserne Formkästen, in denen der Formmantel in Masse, d. h. einer Mischung aus Thon und Sand, eingestampft wurde, vorgezogen haben.

Die Einformung in Formkästen geschieht z. B. bei einem Kopfe in der Art, dass über das einerseits — so tief als es einer guten Hauptformnaht entspricht — in Sand gebettete, oben in der angegebenen Weise mit Formteilstücken bedeckte Modell, ein Formkasten gesetzt wird, d. h. ein nur aus den vier Seitenwandungen bestehender Rahmen, dessen Flächen zumeist innen rundlich der Länge nach vertieft oder mit Vorsprüngen versehen sind, damit hineingestampfter Sand sich leichter darin halten kann. Der die Formstücke umschliessende Rahmenteil wird dann über den eingestäubten Formteilen mit fettem Sande gefüllt, vorsichtig ausgestampft und eine mit dem oberen Kastenrande abschliessende glatte Fläche hergestellt, die mit einem Brett bedeckt wird, damit das Ganze umgewendet werden kann. Besonders um das zu ermöglichen, hatte man die untere Seite des Modelles im ganzen, d. h. vorläufig ohne Teilstücke in einem Formkasten in Sand eingelassen (Abb. 112). Dieser darauf nach oben gewandte "falsche" Formkasten wird abgehoben und der von ihm bisher gehaltene Sand entfernt. Die Sandfläche im Unterkasten wird darauf geglättet und wieder eingestäubt. Dann wird auch die frei gewordene Seite des Modells mit Teilstücken bedeckt (Abb. 113). Wenn auch diese bestäubt sind, wird wie vorher ein Formkasten aufgesetzt, der genau auf den unteren schliessen muss, und seitlich unverschiebbar darauf befestigt werden kann. Auch er wird mit Sand bis zu seiner Oberkante fest angefüllt. Um nun das Modell aus der so gewonnenen Form entfernen zu können, muss zunächst ein Kasten mit dem darin gehaltenen Sande von den Formstücken abgehoben, dann diese einzeln vom Modell genommen, wieder an ihren Platz im Formkasten gebracht und dort mit dünnen Stiften befestigt werden. Nötigenfalls muss die nun frei gewordene Seite des Modells wieder in einen "falschen" Kasten eingebettet werden, um in derselben Weise auch das Modell aus den Teilstücken des anderen Formkastens lösen zu können.

Der Kern wird in der oben beschriebenen Weise hergestellt, z. B. durch Eindrücken von Formsand in die Höhlung einer zweiten, genau in der vorher beschriebenen Weise für diesen Zweck hergestellten Sandteilform (Abb. 114–116). Wenn dann, wie in der Skizze Abbildung 117 angedeutet ist, auch die nach Ausschnitten in den Kästen geführten Guss- und Luftröhren eingegraben sind, der Kern befestigt, und das Ganze getrocknet ist, werden die Formkästen durch geeignete Vorrichtungen dicht aneinander gepresst. Ohne zumeist die Form weiter einzudämmen, kann darauf das flüssige Metall eingegossen werden.

Bei sehr grossen Modellen muss die Zahl der übereinander zu verwendenden Formkästen vergrössert werden, die Einformung geschieht jedoch im grossen und ganzen in derselben Weise.

Dass auch in der Sandformerei einzelne, Verletzungen besonders ausgesetzte Formteilstücke aus scharf getrocknetem Lehm hergestellt werden können, möge nicht unerwähnt bleiben.

Die technische Litteratur aus dem Beginn des 19. Jahrhunderts giebt, wie bereits angedeutet wurde, nur ungenügende Aufklärung über die Frage, wann und wo die Sandformerei zuerst in grösserem Massstabe angewendet wurde, und wo es seine auch für grössere Modelle brauchbare Ausbildung erhielt.

In der Königlichen Eisengiesserei in Berlin wurde zuerst 1813[20] der Versuch gemacht, ein freistehendes Bild in Sand zu formen; der Versuch soll gelungen sein. Als Formmasse bediente man sich dabei eines feinen, mit Lehmwasser getränkten Fürstenwalder Sandes, nur für die tiefsten Stellen der Form wurden Lehmteilstücke hergestellt.

Zweifellos nahm die deutsche Bildgiesserei des 19. Jahrhunderts in B e r l i n ihren Ausgang; die wesentlichsten Förderer waren zunächst Gottfried Schadow und Christian Rauch. Die für grosse Bronze-Monumente anzuwendende Formtechnik war für beide Künstler eine Frage von höchstem Interesse.

Schadow, der zuerst mit der Herstellung eines in Erz auszuführenden Denkmals für Friedrich d. Gr. betraut wurde, machte grosse Reisen, nur um Erfahrungen im Formverfahren zu sammeln. Im Jahre 1791 reiste er nach Kopenhagen, Stockholm und Petersburg, doch die dort geübte Gusstechnik und ihre Resultate befriedigten ihn nicht, er wies schon damals darauf hin, dass es nötig sei, in Paris selbst, von wo jene Städte das Formverfahren übernommen hätten, in die Lehre zu gehen. Schadows Plan, auch dorthin zu reisen, kam jedoch nicht zur Ausführung. Schadow wurde auch nicht der Bildner des Friedrich-Denkmals, er blieb aber doch der erste deutsche Künstler des 19. Jahrhunderts, der darauf bestand, einige Bildsäulen von beträchtlicher Grösse in Bronzeguss auszuführen: die Statue Blüchers[21] für Rostock (Abb. 118) im Jahre 1818 und das Standbild Luthers für Wittenberg im Jahre 1819.

Leider konnte sich der Meister nicht entschliessen, von deutschen Giessern, die freilich (wie vorher gezeigt wurde) damals nur Eisen verarbeiteten, Probegüsse in Bronze herstellen zu lassen — zum wenigsten ist nichts davon bekannt — er veranlasste Pariser Meister, den Giesser Lequine und den Ciseleur Coué, nach Berlin überzusiedeln.

Seit der nordischen Reise Schadows hatte man jedoch in Paris das Formverfahren geändert, man goss jetzt in Sandteilformen; die Ergebnisse, die man dort in diesem Verfahren erzielt hatte, kannte Schadow nur vom Hörensagen und es bleibt deshalb um so verwunderlicher, weshalb er sich nicht an deutsche Giesser wendete, die das neue Verfahren zweifellos ebensogut beherrschten, oder nicht auf das alterprobte, ihm wohl bekannte Wachsverfahren zurückgriff, das in Russland und Italien — hier sogar von einem deutschen Giesser Hopfgarten — weiter geübt wurde.

Abb. 107. E. M. Falconet, Denkmal Peters des Grossen
in Petersburg.

Abb. 108. Lamoureux, Denkmal Christians V. von
Dänemark, in Kopenhagen (vergoldetes Blei).

Die Erfolge der Franzosen in der Ausführung der beiden
genannten Standbilder wurden für die Bronzegiesserei in
Deutschland entscheidend, die vielen, teils sehr grossen
Bronzebildwerke der folgenden Jahrzehnte wurden sämtlich
im neuen Verfahren gegossen. Doch ist es nicht ohne
Interesse, die Entwicklung weiter zu verfolgen.

Von allergrösstem Einfluss auf die deutsche Giesskunst
wird zunächst Christian Rauch.[22] Das erste grosse
Standbild des Meisters, das in Bronzeguss ausgeführt
werden sollte, war, ebenfalls ein Blücher, für Breslau
bestimmt (Abb. 120). Rauch konnte sich zunächst nicht
entschliessen, wiederum die Hilfe der Franzosen in

Anspruch zu nehmen, er wandte sich deshalb an den bereits genannten Hopfgarten in Rom, und suchte ihn zu bewegen, nach Berlin überzusiedeln. Die Teilformerei in Sand war aber jenem Giessmeister nicht bekannt, und er mochte sich nicht dazu entschliessen, sich unter die Autorität der in Berlin weilenden Franzosen zu stellen. Auch sprach er aus, dass er sein Verfahren, also das Wachsausschmelzverfahren, für wenigstens ebensogut halte, wie das neue, zumal es sich damals wieder beim Guss zweier grosser Reiterstandbilder — Karls III. nach Canovas Modell und Ferdinand I. nach dem Modell Calis — in Neapel, in der Giesserei Righettis bewährt hatte. Eine Einigung wurde nicht erzielt, und der Guss des Breslauer Blücher wurde schliesslich (1820) wiederum Lequine mit Beihilfe Reisingers, des Direktors der Berliner Stückgiesserei, übertragen; mit der Ciselierung der Statue wurde der Franzose Vuarin betraut. Guss und Nacharbeit des Sockels sollte von Coué ausgeführt werden.

Weitere grosse Gussarbeiten standen bevor, und die Frage, welches Formverfahren dabei zur Anwendung kommen sollte, war für Rauch noch nicht endgültig erledigt. Fast scheint es, als ob von vornherein die Ciselierung, in der die Franzosen Meister waren, auch stets der Anlass wurde, die Herstellung der Form nur ihnen anzuvertrauen. Zwar veranlasste Rauch im Jahre 1824 Anfragen nach Petersburg und erhielt den Bescheid, dass man dort und in Moskau noch im Wachsverfahren arbeite und weiter dabei zu bleiben gedächte. Zur gründlicheren Prüfung dieses Verfahrens scheint es trotzdem deutscherseits damals nicht gekommen zu sein.

Auch die Berliner Königl. Giesserei übte schliesslich den Bronzeguss nach der für Eisen seit Jahren angewendeten Methode Lequines, der 1824 sogar als Lehrer einer neubegründeten Kunstgussschule angestellt, und dem dann auch die Ausführung des für Berlin bestimmten Blücher-

Denkmals (Abb. 119) Rauchs übertragen wurde. Auch eine Ciselierschule wurde eingerichtet mit Coué als Lehrer; beide standen unter der Oberaufsicht Rauchs. Die Erfolge blieben jedoch diesen Anstalten durchaus fern, und Rauch äusserte (1827), dass es ihm zweckmässiger schiene, Giesseleven in Paris selbst bilden zu lassen bei Crozatier und Carbonneaux, deren hervorragende Leistungen der Künstler selbst Gelegenheit genommen hatte (1826), an Ort und Stelle kennen zu lernen.

Vor allem war die entschiedene Meinungsäusserung Rauchs durch die Misserfolge Lequines veranlasst. Zwar war der Breslauer Blücher besser aus der Form gekommen, als seine ersten nach Schadows Modellen gegossenen Arbeiten, doch um so grössere Nachlässigkeit in jeder Beziehung brachte bei den nun folgenden Gusswerken das Vertrauen zu seinen Fähigkeiten ins Wanken. Als der Franzose schliesslich bei der Statue Friedrich Wilhelms I. für Gumbinnen einen völligen Fehlguss geliefert hatte, wurde er plötzlich (1828) angewiesen, die ihm seit elf Jahren überlassene Werkstatt in der Königl. Giesserei zu räumen und sein auch von Rauch unterstützter Protest vermochte nichts gegen diese Verordnung auszurichten. Die Giessereischule hörte damit auf, weiter zu bestehen. Der Versuch, mit Hilfe der Schule tüchtige Giesser für Berlin heranzubilden, war nur in sehr beschränktem Masse gelungen. Schliesslich sollten die mit Hopfgarten in Rom angeknüpften Verhandlungen Erfolg haben. Obschon dieser vollauf beschäftigt war, hatte ihn doch nie der Wunsch verlassen, einmal nach Berlin überzusiedeln.

Abb. 109. Saly, Denkmal Friedrichs V. von Dänemark,
Kopenhagen.

Abb. 110. Larchevèque, Denkmal Gustav Wasas in
Stockholm; Guss von Meier.

Um Rauchs Wünschen entgegenzukommen, hatte
Hopfgarten schon 1823, nachdem sein Genosse Jollage in
Paris die neue Teilformerei in Sand studiert hatte, einen
Versuch in diesem neuen Verfahren gemacht und
schliesslich, nach den Misserfolgen Lequines, entschloss er
sich, eine Kunstgiesserei in Berlin zu eröffnen.

Im Jahre 1828 war er dort bereits in reger Thätigkeit; er
goss das Francke-Denkmal für Halle nach Rauchs Modell
(Abb. 121), die Statue Friedrich Wilhelms II. für Ruppin
nach Tiecks Modell u. a. m.[23]

Neben Hopfgarten hatte noch ein anderer Deutscher, Christoph Heinrich Fischer, eine eigene Giesserei in Berlin errichtet, die ebenfalls durch Rauch und Tieck mit allen Mitteln gefördert wurde. Fischer[24] war 1818 nach Berlin gekommen und arbeitete bis 1822 als Ciseleur unter Coué. In der Giesserei unterwies ihn insbesondere der Pariser Honoré Gonon, dessen Bekanntschaft er in Berlin gemacht hatte. Die Fischersche Giesserei kam zu hoher Blüte, sie bestand bis 1845.

Fischer goss nach Rietschels Modellen die Nebenfiguren zu dem für Dresden bestimmten Denkmal König Friedrich Augusts in den Jahren 1833–1836, und Rauch schreibt bei der Gelegenheit über ihn an Rietschel:[25] "Fischer macht in seiner Thätigkeit täglich Fortschritte und ist ein tüchtiger Giesser geworden, dem ich jetzt das Allerwichtigste anvertrauen würde. Schade, dass seine Persönlichkeit nicht angenehm ist; könnte er andere Giessereien und Formarten durch Reisen, der französischen Sprache mächtig, noch kennen lernen, ich würde ihn für vollendet in seiner Kunst halten."

Im Jahre 1836 goss Fischer nach Drakes Modell das Standbild Mösers für Osnabrück, dann die vor dem Alten Museum in Berlin aufgestellte Amazone nach Kiss. Von seinen anderen teils schon früher ausgeführten Gusswerken seien noch genannt zwei kolossale Hirsche und eine Viktoria nach Rauch, eine sieben Fuss hohe Venus für Charlottenhof, und das Standbild des Kopernikus nach Tiecks Modell für die Stadt Thorn. Die Berliner Gewerbe-Ausstellung des Jahres 1844 beschickte er mit fünfzehn grösseren Gusswerken.[26]

Noch andere tüchtige Giesser jener Zeit werden in Berlin genannt, vor allem der bereits 1834 verstorbene Joh. Dinger. Auf Rauchs Veranlassung wurde dieser 1829 nach Paris zum

Studium gesandt und es wird von ihm gerühmt,[27] dass er es verstanden habe, besonders dünnwandig zu giessen. Von seinen Gusswerken seien genannt die grosse Amazone für den Charlottenburger Schlossgarten und Fuss und Schale eines nach Schinkels Zeichnung von Kiss modellierten Brunnens.

Die Figuren dieses Brunnens wurden von Feierabend, der ebenfalls in Paris die Giesserei studiert hatte, gegossen und es wird von ihnen ausdrücklich bemerkt, dass der Guss so tadellos war, dass eine Ciselierung nicht notwendig war[28].

Abb. 111. Larchevèque, Denkmal Gustav Adolphs in Stockholm; Guss von Meier.

Abb. 118. Schadow, Blücher-Denkmal in Rostock.
Guss von Lequine in Berlin.

Abb. 119. Rauch, Denkmäler von York, Blücher und Gneisenau in Berlin. Blücher, gegossen von Lequine; York und Gneisenau, gegossen von Friebel in Berlin.

Rauch hatte sich indessen noch nicht[103] [104] endgültig für das Teilformverfahren entschieden, besonders wohl die Misserfolge Lequines hatten ihn stutzig gemacht, und obschon sich damals das Sandformverfahren billiger stellte als das Wachsausschmelzverfahren, wollte er nichts unversucht lassen. Er erreichte es, dass Coué 1831 auf drei Monate nach Petersburg gesandt wurde. Erst als auch jetzt nach Coués Bericht die Entscheidung zu Ungunsten des alten Verfahrens ausfiel, wurde es von Rauch aufgegeben.

Abb. 120. Rauch, Blücher-Denkmal in Breslau. Guss
von Lequine in Berlin.

Abb. 121. Rauch, Francke-Denkmal in Halle. Guss
von Hopfgarten in Berlin.

Alle Sorgfalt wurde nun der weiteren Vervollkommnung
der Sandformerei zugewandt. Das Streben ging, wie schon
oben angedeutet, vor allem dahin, mit Hilfe eines
bestgeeigneten Formmaterials die Teilform so sauber
herzustellen, dass die Nachciselierung nach Möglichkeit auf
die Entfernung der Gusskanäle und Gussnähte beschränkt
werden konnte, die Flächen dazwischen aber nicht in
Mitleidenschaft gezogen zu werden brauchten.

Rauch[29] sagte einmal (1835): "... Es giebt nichts
Betrübenderes, als dies, dass man wünscht, dass die Güsse
so glänzen, damit keine Punzen oder Feilen des Ciseleurs die
Oberfläche zu berühren brauchten".

Völlig befriedigend fielen aber die Güsse trotz aller Bemühungen auch in Zukunft nicht aus, wie aus späteren Aeusserungen Rauchs zu Rietschel (1853) klar genug hervorgeht.[30] Rauch schreibt, dass er an seiner York-Statue nur die Gussnähte reparieren lasse, "um damit den Versuch zu machen, das gänzliche Ueberfeilen der Oberfläche zu vermeiden. Mit der Zeit werden bei fortlaufender Beschäftigung sich Leute heranbilden, die dieser schonenden Ciselierung angemessene Bildung haben und dem verderblichen Aufscheuerwesen ein Ende machen." Und bald darauf schreibt Rauch: "Friebel, der Kunstgiesser, weilt im Mineralbade, wie gewöhnlich, während die Gehülfen mühsam Geschaffenes zerhobeln; an diesem Leide der Bronzearbeiten gehe ich körperlich und moralisch zu Grunde und nur sorgliche Ausführung unseres vortrefflichen Ciseleurs Martens... erhält in mir einige Hoffnung einer künftigen ordentlichen Schule".

Doch die Ciselierung blieb in erster Linie der wunde Punkt der Teilformerei auch im weiteren Verlauf des 19. Jahrhunderts, eine wirkliche Besserung wurde erst möglich, als man schliesslich wieder zum alten Wachsausschmelzverfahren zurückzukehren begann.

Doch bevor die jüngste Phase der Formereientwickelung betrachtet werden kann, ist es notwendig, nochmals ein wenig zurückzugreifen.

Die Kunstgiesserei in Berlin muss zunächst noch in ihrer Entwicklung weiter verfolgt werden. Ausser den bereits genannten Giessern der zwanziger und dreissiger Jahre, wird als besonders tüchtig noch Kampmann genannt. Von den Gusswerken, mit denen er die Berliner Gewerbeausstellung des Jahres 1844 beschickt hatte, wird gerühmt[31], dass sie eine glatte, dichte, nicht schäumige oder kaltgüssige Oberfläche aufwiesen, dass die Tiefen der Gewänder klar und rein ausgefallen wären und nicht die so leicht vorkommenden Verschiebungen der Formstücke wahrnehmbar seien, kurz, dass sie als die Grenze dessen zu betrachten wären, was der rohe, d. h. der unciselierte Guss überhaupt zu leisten vermöge. Trotzdem kommt der Beurteiler zu dem Ergebnis, dass die Nacharbeit unentbehrlich sei, wenn die höchste Ausbildung der Form beansprucht würde.

Man muss nach solchen Ausführungen glauben, dass wohl über das, was unter "höchster Ausbildung der Formen" zu verstehen sei, Bildhauer und Ciseleure oft in Widerspruch gerieten. Zu grösserer Bedeutung scheint die Kampmannsche Giesserei nicht gelangt zu sein, die grossen Aufgaben besonders der vierziger Jahre wurden von anderen Giessmeistern ausgeführt.

Von grosser Wichtigkeit für die Berliner Giesskunst wurden die Beziehungen, die Rauch 1838 mit dem bereits genannten Eisenhüttenwerk L a u c h h a m m e r anknüpfte. Für den Dom in Posen sollten die grossen von Rauch modellierten Statuen der Polenkönige Boleslaw und Mieczyslaw in Bronze gegossen werden. Für die Ausführung kamen die Giessereien von Hopfgarten, Fischer und die Kgl. Eisengiesserei in Berlin[32] in Betracht; mit der letzteren, als der mindestfordernden, wurde der Vertrag abgeschlossen. Doch die Ausführungsbedingungen in Bezug auf die Teilung der Statuen für die Einformung entsprachen durchaus nicht den Wünschen Rauchs, er erhob entschiedenen Einspruch und es gelang ihm schliesslich, die Aufhebung des Vertrages herbeizuführen. Nun wandte man sich nach Lauchhammer, wo man dem Künstler wenigstens das Recht der Oberaufsicht zugestand.

Abb. 122. Rauch, Denkmal Friedrichs des Grossen in Berlin. Guss von Friebel in Berlin.

In Lauchhammer hatte man bis zum Jahre 1838 nur den Eisenkunstguss geübt; die grössten und schwierigsten Modelle hatte man aber in tadellosem Guss nachzubilden gelernt, und gewiss boten die in Eisen gegossenen Werke um so eher eine Garantie, dass man auch dem Guss von grossen Statuen in Bronze gewachsen sein würde, als die Form für den Eisenguss, wie bereits hervorgehoben wurde, die allergrösste Sorgfalt der Herstellung verlangt, weil beim Eisen nicht wie bei der Bronze stärkere Gussfehler durch Ergänzung der Fehlstücke oder Ciselierung beseitigt werden können.

Abb. 123. Rauch, Denkmal Max-Josephs in München.
Guss von Stiglmaier in München.

Abb. 124. Thorwaldsen, Schiller-Denkmal in
Stuttgart. Guss von Stiglmaier in München.

Die Ausführung der Rauchschen Figuren leitete Friebel,
der später das Denkmal Friedrichs des Grossen in Berlin
goss. Nach dem Guss der zweiten Statue kam Rauch nach
Lauchhammer und war freudig überrascht über die
Leistung. In seinem Tagebuche schreibt er, dass er nie
vorher einen solch dünnen und an der Oberfläche so
schönen Guss gesehen habe, und dass er sich entschloss, die
Figuren nicht zu ciselieren, sondern nur das Nötigste daran

mit den Punzen und der Feile zu thun und im übrigen nur mit Scheidewasser abzubrennen.

Diese guten Erfolge veranlassten Rauch, dem Werke weitere Modelle — unter anderem im Jahre 1847 das Reiterbild des Grossherzogs Paul Friedrich für Schwerin — zur Gussausführung zu übergeben und andere Künstler, zunächst Kiss und Rietschel, der selbst eine Zeitlang auf dem Werke angestellt war, folgten dem Beispiele.

Für Rietschel übernahm das Werk die mühevolle und undankbare Aufgabe, die 1838 in einer Dresdener Giesserei völlig fehl gegossene Hauptfigur seines Denkmals des Königs Friedrich August von Sachsen, so gut es möglich war, auszubessern. Nach dem Modelle desselben Künstlers wurde dort 1868 das Luther-Monument für Worms ausgeführt. Nach Kiss' Modellen goss man 1851 in Lauchhammer die Denkmäler Friedrich Wilhelms III. für Königsberg und Breslau, im Jahre 1871 ein Reiterbild desselben Königs nach Wolff für Berlin und 1878 das Denkmal dieses Königs für Cöln a. Rh.

Doch für Berlin wurde Lauchhammer noch durch den genannten Giessmeister und Ciseleur Friebel von besonderer Bedeutung. Friebel siedelte 1845 nach Berlin über mit dem grossen Auftrage, Rauchs Denkmal Friedrichs des Grossen in Bronzeguss auszuführen (Abb. 122). Schon rechtzeitig vorher waren grosse Werkstätten für die Modell- und Ciselierarbeiten und ebenfalls eine neue Giesserei errichtet. Die Gussausführung erfolgte in vielen Teilen, man begann mit dem Hauptkörper; abgetrennt und einzeln geformt und gegossen wurden die Reiterfigur, der Kopf des Pferdes, die Vorderbeine und der Schweif des Pferdes. Im Jahre 1851 waren alle Teile, Nebenfiguren und Reliefs gegossen und wurden noch vor der Zusammenfügung ausgestellt.

Von Friebel wurden noch nach Rauchs Modellen die

Statuen Yorks und Gneisenaus gegossen. Er starb 1856.

Die Giesserei wurde fortgeführt von Gladenbeck, der die Baulichkeiten später mit seinem Sohne zusammen bis zu ihrem Abbruche 1887 inne hatte. Die Gladenbecksche Giesserei wurde dann in erweiterter Form nach Friedrichshagen bei Berlin verlegt, wo sie schliesslich in die noch jetzt bestehende Aktiengesellschaft, vorm. Gladenbeck und Sohn, umgewandelt wurde.

Der Ruf der Gladenbeckschen Giesserei wurde ebenfalls begründet durch Werke, die nach Rauchs Modellen gegossen wurden: die Thaer-Statue für Berlin (1856) und die Kant-Statue für Königsberg (1857). Schon in den sechziger Jahren wurde der Giesserei auch die Ausführung zweier grosser Reiter-Denkmäler übertragen; nach Drakes Modell das Reiterbild König Wilhelms I. und nach Bläsers Modell Friedrich Wilhelm IV. zu Pferde, beide für die Kölner Rheinbrücke.

Neben Berlin und Lauchhammer waren indessen auch in anderen deutschen Städten einige Giessereien aufgeblüht, die Ebenbürtiges zu leisten vermochten.

Der Zeit der Begründung und den Leistungen nach an der Spitze steht unter diesen die Königliche Erzgiesserei in München. Auch für das Entstehen und Gedeihen dieser Kunstwerkstätte war wiederum Rauch als erfahrener Praktiker und schaffender Meister von grösstem Einfluss. Der erste Leiter dieser Kunstgiesserei war Stiglmaier[33]. Als Goldschmiedelehrling hatte er seine Laufbahn begonnen, und auf einer Studienreise in Italien legte er bei Righetti in Neapel den Grund für seine spätere hochbedeutsame Giesserthätigkeit. Seine ersten Giessversuche machte er im Wachsausschmelzverfahren, das er bei Righetti kennen gelernt hatte. Nach seiner Rückkehr nach München (1823) konnte er als Münzgraveur in der Königlichen Münze die

Versuche fortsetzen, und als man sich dort entschloss, eine Erzgiesserei zu gründen, wurde er zu ihrem Vorsteher bestimmt. Zur Erlernung der neuen Teilformerei in Sand wurde er nach Berlin geschickt und hierdurch kam er bald in enge Beziehungen zu Rauch. Mit diesem zusammen reiste er 1826 nach Paris, um in den dortigen bereits genannten Giessereien seine Kenntnisse zu vervollkommnen.

Abb. 125. Thorwaldsen, Denkmal des Kurfürsten Maximilian in München. Guss von Stiglmaier in München.

Abb. 126. Schwanthaler, Denkmal Mozarts in
Salzburg. Guss von Stiglmaier in München.

Abb. 127. Schwanthaler, Denkmal des Grossherzogs
Ludwig in Darmstadt. Guss von Stiglmaier in
München.

Abb. 128. Schwanthaler, Denkmal Goethes in
Frankfurt a. M. Guss von Stiglmaier in München.

Abb. 129. Schwanthaler, Bavaria-Monument. Guss
von Stiglmaier und Miller.

Abb. 130. Rauch, Dürer-Denkmal in Nürnberg. Guss
von Burgschmiet in Nürnberg.

**Abb. 131. Rietschel, Denkmal Lessings in
Braunschweig. Guss von Howaldt in Braunschweig.**

Die erste grosse Aufgabe, die Stiglmaier bewältigen sollte,
natürlich auch im neuen Sandformverfahren, war der Guss
des Max Joseph-Denkmals nach Rauchs Modell für
München (Abb. 123). Im September 1830 wurde mit dem
Einformen des Löwensockels begonnen. Der Guss gelang in
mehreren Teilen sogleich vollkommen. Ein schweres
Missgeschick traf jedoch den für seine Arbeit begeisterten
Stiglmaier beim Guss der Königsfigur, die er entgegen
Rauchs Rat ungeteilt eingeformt hatte. Das flüssige Metall
durchbrach die Form und nichts war von diesem ersten
Guss zu retten. Ungesäumt machte sich der Meister daran,
die Arbeit aufs neue aufzunehmen, dieses Mal trennte er

aber Ober- und Unterkörper, Kopf und Arme ab. Im Jahre 1833 wurden die Gussarbeiten glücklich zu Ende geführt. Schwierigkeiten stellten sich auch hier wieder mit der Ciselierung ein; man war genötigt, zunächst dafür den Franzosen Vuarin herbeizuziehen, dessen anmassendes und nachlässiges Verhalten jedoch bald dazu zwangen, ihn durch deutsche Künstler zu ersetzen, die ihre Aufgabe auch zur Zufriedenheit lösten.

Besonderen Wert legte Stiglmaier darauf, dass sein bildhauerisch veranlagter Neffe Ferd. v. Miller[34], den er zu seinem Nachfolger ausersehen hatte, die Ciselierkunst gründlich erlernte; besonders zu diesem Zwecke sandte er ihn auch im Jahre 1838 nach Paris.

Nach Stiglmaiers Tode im Jahre 1844 übernahm Miller die Leitung der Giesserei, die im Jahre 1871 in den Besitz der Familie v. Miller überging und seit des Vaters Tode (1887) von seinen drei Söhnen weitergeführt wird unter dem Namen Königliche Erzgiesserei.

Von den Hauptgusswerken Stiglmaiers sind noch zu nennen die Schiller-Statue (Abb. 124) nach Thorwaldsen für Stuttgart (1839), nach desselben Künstlers Modell (1839) das Reiterbild des Kurfürsten Maximilian für München (Abb. 125), nach Schwanthalers Modellen die Statue Mozarts für Salzburg (Abb. 126) (1842), die Denkmäler des Grossherzogs Ludwig von Hessen für Darmstadt (Abb. 127) und Goethes für Frankfurt (Abb. 128), beide im Jahre 1844. Von den für das In- und Ausland in Bronzeguss ausgeführten zahlreichen grossartigen Gusswerken, die nach Stiglmaiers Tode noch in dieser bedeutsamen Kunstgiesserei entstanden, sei nur noch angeführt die Bavaria auf der Theresienwiese (Abb. 129), nach Schwanthalers Modell (1844–1850), die Quadriga auf dem Siegesthor in München und die Goethe-Schiller-Gruppe nach Rietschels Modell in Weimar (1857).

Noch eine bayerische Kunstgiesserei gewann schon in der ersten Hälfte des 19. Jahrhunderts bedeutenden Ruf, die von Daniel Burgschmiet in N ü r n b e r g begründete. Auch zum Aufblühen dieser trug Rauch nicht unwesentlich bei, und ihr erstes grosses Erzgusswerk wurde nach einem Modelle dieses Meisters ausgeführt; die Umstände, unter denen das geschah, sind von besonderem Interesse[35]. In Nürnberg sollte ein Dürer-Denkmal errichtet werden und König Ludwig versprach einen namhaften Beitrag, wenn man auf seinen Wunsch eingehe, dass das Modell von Rauch und der Guss in München ausgeführt werde. Rauch erhielt auch, obschon man in Nürnberg selbst einen einheimischen Bildhauer vorgezogen hätte, 1827 den Auftrag für das Denkmal; als es sich jedoch um die Frage des Giessers handelte, wollte die Stadt Peter Vischers nicht nachgeben.

Der zweite Bürgermeister Nürnbergs schrieb unter anderem in dieser Angelegenheit an Rauch: "Wenn jeder Kunstfreund als entschieden annehmen muss, dass der Entwurf des Denkmales und das Modell des Standbildes nur dem grössten Bildhauer Deutschlands gebührt, so ist es doch für den noch nicht erloschenen Kunstruhm, und noch mehr für den wieder erwachten Kunstsinn der hiesigen Stadt eben so wichtig als wünschenswert, dass das Denkmal hier ausgeführt und vollendet werde.... Unsere Rotgiesser haben zwar von der Kunst ihres alten Gewerbsgenossen, des Verfertigers des Grabmales Sebaldi, kein grosses Erbteil übrig behalten, aber hinsichtlich des Technischen der Giesserei dürfte man ihnen ausgezeichnete Kenntnisse und Erfahrungen nicht absprechen können.... Das neueste Kunstwerk des erfahrenen Rothgiessers Rupprecht, ein Standbild von Erz, 6½ Fuss hoch, circa 2000 Pfd. Berl. schwer, ist aus der Form makellos hervorgegangen und ist bestimmt, in dem Dom zu Bamberg aufgestellt zu werden. Es befindet sich jetzt unter dem Meissel eines genialen jungen Mannes, des Bildhauers Burgschmiet..."

Nachdem daraufhin Rauch selbst in Nürnberg gewesen war, erreichte er beim Könige die Genehmigung, dass das Denkmal dort gegossen würde. Burgschmiet erhielt den Gussauftrag, doch bevor er an die Ausführung ging, reiste er im Jahre 1829 noch auf acht Monate nach Paris, um die Formerei bei dem vielgerühmten Crozatier zu studieren. Im Jahre 1837 erhielt er das Modell der Figur und wurde nun veranlasst, einige Probestücke zu liefern: Aermelstücke, eine Haarlocke, Kopf, rechte Hand. Der Guss dieser Teile fiel vortrefflich aus, die Oberfläche zeigte sich so dicht und fein, dass eine Ueberciselierung nicht nötig erschien. Im Herbst 1838 kam der Oberteil der Figur gelungen aus der Form. König Ludwig selbst sah den Guss und bestimmte, dass die Statue mit der Gusshaut, also in dunkelbrauner, ins Rötliche schimmernder Farbe, ohne die Oberfläche abzubrennen und ohne jedes weitere Ciselieren, ausser Abnahme der Gussnähte, aufgestellt werden solle. Im Jahre 1840 war der Guss der ganzen Figur aufs beste vollendet (Abb. 130).

Weitere grosse Aufträge folgten dem ersten und alle wurden zur höchsten Zufriedenheit ausgeführt. Im Jahre 1844 wurde von Burgschmiet nach Hähnels Modell das Standbild Beethovens für Bonn gegossen, nach desselben Meisters Modell 1849 das Denkmal Kaiser Karls IV. für Prag, nach Reichs Modell 1851 die Statue des Ministers Winter für Karlsruhe, 1853 nach Miller das Luther-Monument für Möhra u. a. m. Im Jahre 1855 trat in die Firma der Schwiegersohn Chr. Lenz ein, 1858 starb Burgschmiet. Die von Chr. Lenz und dem Stiefsohn Burgschmiets fortgeführte Giesserei hiess hinfort: Gebrüder Lenz-Herold. Seit 1871, nach Herolds Tode besteht die Giesserei unter der Firma Chr. Lenz. Für das In- und Ausland gingen noch zahlreiche grosse Erzgusswerke aus dieser

Künstlerwerkstatt hervor, die aufzuführen zu weit gehen würde.

Mit dieser Nürnberger Giesserei steht wiederum in innigem Schulzusammenhange eine norddeutsche Werkstatt, die von Georg Howaldt in B r a u n s c h w e i g begründet wurde. Howaldt[36] kam als Goldschmiedsgehilfe 1822 nach Nürnberg, lernte dort den um wenige Jahre älteren Burgschmiet kennen und durch ihn angeregt, begann er sich eifrig mit Bildnerei und Erzgiesserei zu beschäftigen. Im Jahre 1836 kehrte er in seine Heimatstadt Braunschweig zurück, wo ihm das Lehrfach für Modellieren am Collegium Carolinum übertragen wurde. Erst im Jahre 1852 wurde es ihm möglich, seine Vorliebe für metallplastische Arbeiten im Grossen zu bethätigen, man übertrug ihm die Gussausführung des für Braunschweig bestimmten Lessing-Denkmals nach Rietschels Modell (Abbild. 131). Die Arbeit gelang aufs beste und begründete den Ruf der jungen Anstalt.

Weitere ehrenvolle Aufträge folgten sogleich. Noch im Jahre 1852 wurde für Altona, allerdings in galvanisch verkupfertem Blei, das Denkmal des ehemaligen Oberpräsidenten Grafen Blücher nach Fr. Schillers Modell gegossen, 1853 in Erz das Denkmal des Bürgermeisters Franke für Magdeburg nach Blaeser, 1854 für Dresden das Denkmal des Nationalökonomen List nach dem Modell von Kietz u. a. m.

Doch seinen grossen Ruf verdankt der Meister eigentlich weniger seinen Gusswerken, als vielmehr seinen grossartigen, in Kupfer getriebenen Arbeiten; an anderer Stelle (S. 128ff.) wird darauf zurückzukommen sein.

Howaldt starb im Jahre 1883, sein Sohn führte die Anstalt fort bis zu seinem Tode im Jahre 1891; mit ihm erlosch die Firma.

Die bekanntesten deutschen Kunstgiessereien dürften damit genannt sein, eine Reihe kleinerer Anstalten bestand daneben und zahlreiche neue, deren Bedeutung zu würdigen der beschränkte Raum hier nicht gestattet, wurden in der zweiten Hälfte des 19. Jahrhunderts begründet; ungezählte Denkmäler und Brunnen in allen grösseren deutschen Städten zeugen von ihrem Können. Das Ringen zur Selbständigkeit war mühevoll genug gewesen, wie zu zeigen versucht worden ist, doch schliesslich konnte man den Wettstreit aufnehmen mit den gleichartigen Werkstätten aller Länder, auch Frankreichs.

Die Entwickelung der Kunstgiesserei in F r a n k r e i c h bietet bei weitem nicht ein gleich interessantes Bild wie bei uns, die technische Fertigkeit wurde dort doch kaum unterbrochen und leichter, als es in Deutschland möglich sein konnte, fanden sich die Giesser mit dem neuen Teilformverfahren in Sand ab. Die Ciselierkunst aber hatte in Frankreich kaum je vorher höhere Triumphe gefeiert, als in der zweiten Hälfte des 18. Jahrhunderts, und darin wurde die Tradition nie wieder unterbrochen.

Die grossartigen ehernen Königsbilder, die das Können der französischen Kunstgiesser während zweier Jahrhunderte in glanzvollster Weise darstellten, vernichtete zwar ohne Ausnahme die Revolution, doch der Rückschlag konnte nicht ausbleiben, man musste bald den Verlust der Kunstwerke rein als solchen empfinden, und man beeilte sich, neue Erzmonumente zu errichten.

Der Bildhauer J. G. Moitte (1746–1810) scheint der erste Künstler gewesen zu sein, der die Abneigung gegen die Bronze für Monumentalwerke, die etliche Jahrzehnte auch in Frankreich geherrscht hatte, durchbrach. In der Zeit um 1800 sollen von ihm eine Bronzestatue J. J. Rousseaus, ein Reiterbild des Generals Bonaparte von mittlerer Grösse und ein Denkmal des Generals d'Hautpoul zu Pferde geschaffen sein. Ob bei diesen Werken bereits das Teilformverfahren in Anwendung kam, war nicht zu ermitteln, sie fallen in die Zeit des Ueberganges. Mit einiger Sicherheit ist aber anzunehmen, dass die rings mit Reliefs umkleidete Vendôme-Säule zu Paris, mit deren Ausführung man 1805 begann und die mit der Statue Napoleons bekrönt, im Jahre 1810 vollendet wurde, bereits in Sand geformt worden ist.

Der Neuguss der grossen in der Revolution zerstörten Königsdenkmäler folgte.

Die bedeutendsten Pariser Giesserwerkstätten wurden als Bildungsanstalten der deutschen Künstler bereits genannt. Crozatier, Carbonneaux, Fontaine und die alte Königliche Giesserei in Paris legten den Grund für die französische Giesskunst des 19. Jahrhunderts, von der man auch heute noch mit höchster Achtung spricht.

Die Kataloge und Berichte der Pariser Gewerbeausstellungen lassen die Entwickelung im Laufe des 19. Jahrhunderts leicht verfolgen, sie ist vor allem geknüpft an die Namen Soyer, Barbedienne, Thiébaut, Susse, Barbezat, Eck et Durand, Gauthier u. a. (Nähere Angaben finden sich bei F. Faber: Konvers. Lex. für die Bildende Kunst. Leipzig 1845ff. Bd. V. S. 58ff.)

Fußnoten:

[20] Beck, Geschichte des Eisens Bd. IV, S. 103ff.

[21] Goethe hatte vorgeschlagen, diese Statue von Pflug und Sohn in Gera in Kupfer treiben zu lassen.

[22] Eingehend berichtet darüber Eggers in der Biographie des Künstlers; seinen Ausführungen schliesst sich unsere Darstellung an.

[23] Von anderer Seite, z. B. in Fabers Konversations-Lexikon, wird die Gussausführung dieser Denkmäler einem älteren Bruder des von Eggers angeführten Hopfgarten zugeschrieben.

[24] Amtl. Bericht der allgem. deutschen Gewerbeausstellung. Berlin 1844. Bd. II.

[25] Eggers, Rauch Bd. III. S. 102.

[26] Amtl. Bericht der Ausstellung, Bd. II.

[27] Ebendort.

[28] Amtl. Bericht der allgem. deutschen Gewerbeausstellung, Berlin 1844, Bd. II.

[29] Eggers, Rauch, Bd. II, S. 388.

[30] Eggers, Rauch, Bd. III, S. 313.

[31] Amtl. Bericht d. Ausst.

[32] Eggers, Rauch, Bd. III, S. 169.

[33] Eggers, Rauch, Bd. II., S. 419ff. und Zeitschrift d. Münchener Kunstgewerbevereins Jahrg. 1875 (Vortrag von Ferd. v. Miller) S. 2ff., ferner F. Faber, Konversations-Lexikon für die Bildende Kunst, Bd. V. S. 66ff.

[34] F. Faber a. a. O. S. 68.

[35] Eggers, Rauch, Bd. II, S. 395ff und S. 422, Bd. III, S. 103 u. S. 145.

[36] H. Riegel, Kunstgesch. Vorträge und Aufsätze, Braunschweig 1877, S. 352ff.

V. Das Wachsausschmelzverfahren im 19. Jahrhundert.

Das 19. Jahrhundert hat der Erzgusstechnik die allgemeinste Verbreitung verschafft, sämtliche Kulturländer haben Selbständigkeit auf diesem Kunstgebiete erlangt, und überall ist das Teilformverfahren zum herrschenden geworden.

Ein sehr wesentlich verändertes Bild im Hinblick auf die angewendeten Formverfahren bietet die Erzgussplastik wieder in den letzten Jahrzehnten, man hat begonnen, zum alten Wachsausschmelzverfahren zurückzukehren, man darf fast sagen, dass dieses Verfahren in Deutschland bereits jetzt überwiegt. In Frankreich ging es als eine schwache Unterströmung stets neben dem Teilformverfahren her und es sei gestattet, die Vorläufer der neuesten Zeit noch einmal zurückgreifend im Zusammenhange zu verfolgen.

Die schweren Sorgen, die den deutschen Künstlern des 19. Jahrhunderts, — erinnert sei an die Aussprüche Rauchs — die schädigende Nachciselierung machte, teilten auch die französischen Meister, und von hohem Interesse ist in Bezug darauf ein Bericht über die Kunstgiesserei der Pariser Welt-Ausstellung des Jahres 1844. Dort wird gesagt, dass das ausschliesslich geübte Formverfahren dasjenige in Sand sei, das Wachsausschmelzverfahren schiene vollkommen in Vergessenheit geraten zu sein. Unter den zahlreichen Bronzestatuen, die zur Zierde öffentlicher Plätze in den letzten 25 Jahren entstanden seien, sei nur eine, die Heinrichs IV. mit Hilfe von Wachs geformt.[37] Alle anderen, sagt der weitblickende Berichterstatter, sind in Stücken und Stückchen gegossen und zusammengesetzt wie die Teile einer Dampfmaschine. Sind solche Arbeiten Kunstwerke zu nennen? fragt er ziemlich entrüstet. Doch, sagt er, die Versuche eines bescheidenen Mannes, eines ausserhalb der Künstler-Ateliers kaum gekannten Giessers Honoré (Gonon) müssten erwähnt werden. Dieser habe sich viel mit dem Wachsausschmelzverfahren beschäftigt und in dieser Formart einige bemerkenswerte Arbeiten hergestellt. Unter anderem einen neapolitanischen Tänzer nach Duret und einen Löwen in den Tuilerieen nach Barye.

Der Berichterstatter meint, man würde zweifellos einwenden, dass das Wachsausschmelzverfahren ausschliesslich künstlerischen, aber nicht Handelszwecken diene, weil von jedem Modell nur ein Gussstück gewonnen werden könne, doch das sei durchaus nicht zutreffend. Es sei nur notwendig, eine Gipsteilform zu Hilfe zu nehmen (wie bei Cellini etc. beschrieben ist), um darin weitere Wachsmodelle herzustellen, soviel man haben wolle. Der Künstler würde jedes Wachsmodell nacharbeiten und nach Belieben seinen augenblicklichen Eingebungen folgend, kleine Aenderungen daran vornehmen und so jedem Stücke einen besonderen Charakter verleihen. Das in Metall gegossene Werk würde rein und sauber erscheinen und den Stempel seines Schöpfers tragen. Man erhalte so nicht Reproduktionen von Kunstwerken, sondern die Kunstwerke selbst.

Der Verfasser spricht sich noch weiter aus. Schliesslich sagt er von der Sandformerei, man könne sich ihrer mit Vorteil bedienen für ornamentale Arbeiten, besonders wenn sich die Form in wenigen Teilen herstellen liesse, die leicht zu vereinigen wären. Doch man solle dieses Verfahren nicht zulassen für Bildsäulen, überhaupt für Kunstwerke im höchsten Sinne nicht. Man solle nicht fortfahren, barbarisch zu verfahren, die Giesserei in Sand sei thatsächlich eine Verstümmelung (un acte de mutilation).

Jedoch die Mahnung ging damals ungehört vorüber, das

Sandformverfahren befand sich in steigender Verbreitung und nichts vermochte den Glauben daran zu erschüttern; mitleidig betrachtete man den einzelnen, der sich etwa doch nicht irre machen liess in der Wertschätzung der alten Formungsart. In Paris hatte sich die Kenntnis des Wachsverfahrens vererbt von dem genannten Honoré Gonon auf seinen Sohn Eugène, und dieser hatte als einziger noch im Jahre 1867 auf der Pariser Welt-Ausstellung einige in dieser Art hergestellte Gussstücke zur Schau gebracht. Die fachmännische Kritik darüber ist sehr bemerkenswert.[38] Der Berichterstatter spricht sich etwa in folgender Weise aus, er sagt: das Wachsausschmelzverfahren Gonons sei nichts Neues, aber von den Fachleuten seit langem aufgegeben und verdammt, weil es unausführbar und zu kostspielig sei für eine schnelle und einträgliche Reproduktion der Kunst- sowohl wie der Handelsbronze. In der That hätten sich einige Künstler zu dieser Gussmethode drängen lassen, eine unvernünftige Eingebung habe sie glauben gemacht, dass sie davon eine unbedingt getreue Wiedergabe ihrer Werke erwarten dürften; mehr eingebildete als begründete Erklärungen hätten sie verlockt. Allein es sei ihnen ergangen, wie dem Raben in der Fabel, sie hätten, leider etwas zu spät, geschworen, dass sie es nie wieder damit versuchen würden. Kurz, die Anwendung des Wachsausschmelzverfahrens sei eine Gedankenlosigkeit von Leuten, die mit den wirklichen Verhältnissen nicht zu rechnen verständen und vom Standpunkte des Geschäftsmannes ein vortreffliches Mittel, um Geld zu schlucken, denn von zehn Gussstücken fielen zum wenigsten acht schlecht aus. Die von verschiedenen bekannten Giessern angestellten Versuche könnten das nur bezeugen. Um den Wert des "vortrefflichen" Verfahrens ganz zu kennzeichnen, müsse man sagen, dass das Verhältnis des Wachsverfahrens zu dem von der Pariser Bronzegiesserei allgemein angenommenen Sandformverfahren dasselbe sei, das bestehe zwischen dem bescheidenen Ochsenwagen der Vorfahren und der mit Volldampf fahrenden Lokomotive.

Dieses recht deutliche französische Urteil würde, zur Zeit als es ausgesprochen wurde, in Deutschland kaum auf Widerspruch gestossen sein, bei uns fehlten bis in die jüngste Zeit hinein überhaupt jegliche Versuche, das Wachsverfahren zu verwerten, und ein Urteil über seinen Wert oder Unwert hatte man nicht. Man urteilte höchstens nach Beschreibungen und diese in der Luft schwebende Kritik that die alten Giessmeister gern mit spöttischer Geringschätzung ab.

In Fabers Konversations-Lexikon für Bildende Kunst (1850) heisst es, das Wachsverfahren sei nur eine ungehörige Uebertragung der Handgriffe des Goldarbeiters auf Werke in Erz gewesen. "Mit eben der subtilen Manipulation, womit im 15. und 16. Jahrhundert goldene Schmucksachen gegossen wurden, bei welchen die geringste Ersparung des Materials von Wichtigkeit war, versuchte man sich an kolossalen ehernen Standbildern. Es gelang zwar, aber nicht ohne unendliche Verschwendung von Arbeit und Mühe."

Abb. 132. Begas, Schlossbrunnen in Berlin. Gegossen in der Giesserei-Aktiengesellschaft vormals Gladenbeck und Sohn in Friedrichshagen bei Berlin.

Die vereinzelten Anwendungen in Frankreich konnten aber auch das erwünschte Ergebnis nicht haben, die Methode war eben ausser Uebung und verlernt.

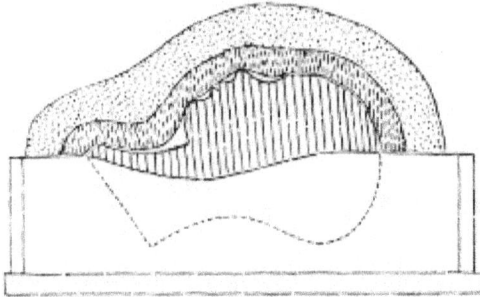

Abb. 133. Neues Wachsausschmelzverfahren (a). (Schema.)

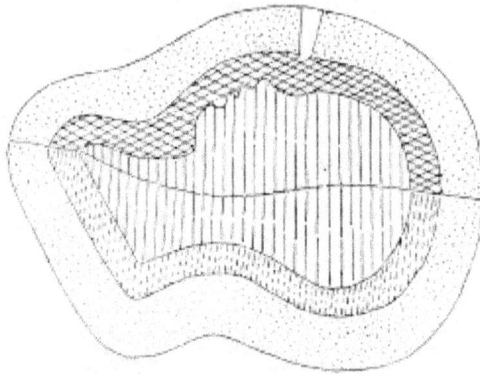

Abb. 134. Neues Wachsausschmelzverfahren (b). (Schema.)

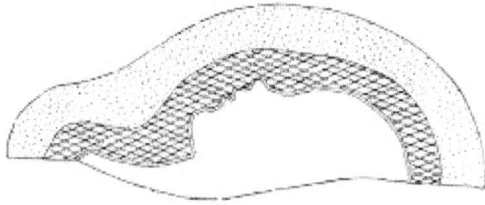

Abb. 135. Neues Wachsausschmelzverfahren (c).
(Schema.)

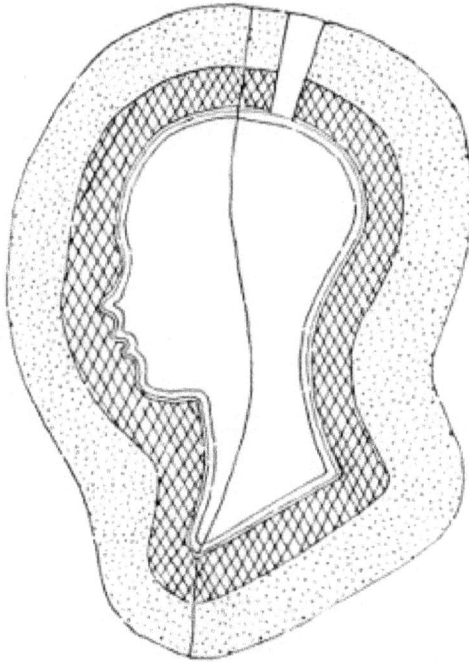

Abb. 136. Neues Wachsausschmelzverfahren (d).
(Schema.)

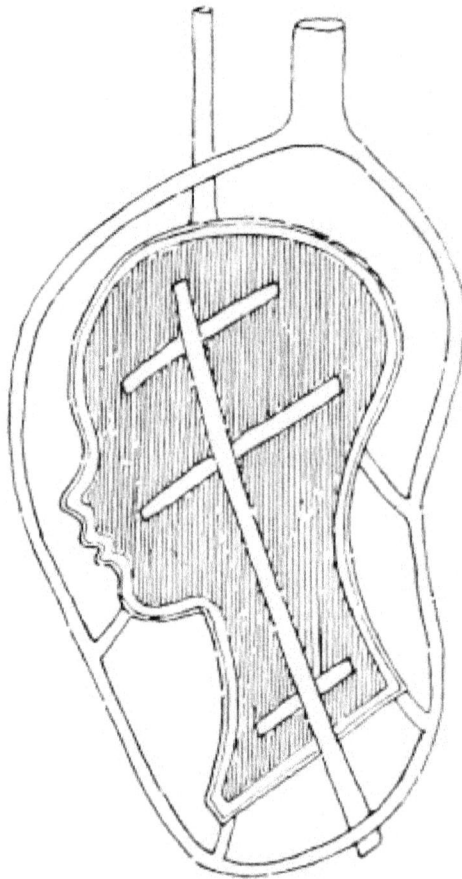

Abb. 137. Neues Wachsausschmelzverfahren (e).
(Schema.)

Abb. 138. Neues Wachsausschmelzverfahren (f).
(Schema.)

So sehr man es nun im Laufe der Jahrzehnte verstanden
hatte, alle technischen Schwierigkeiten, die mit dem
Teilformverfahren verknüpft sind, zu überwinden, gewisse
künstlerische Mängel blieben nicht zu beseitigen. Die
Reinheit der Oberfläche und eine solche getreue Wiedergabe
des Modells, wie sie im Wachsverfahren zu erreichen sind,
musste der Sandformerei versagt bleiben. Die Künstler
mussten bis zu einem gewissen Grade unbefriedigt bleiben.

Doch noch ein anderer nicht unwesentlicher Nachteil
haftet der Sandformerei an, sie verlangt mancherlei

Einschränkungen in der Art der Ausgestaltung des Modells, wenn nicht die Zahl der einzeln zu formenden und zu giessenden Teile gar zu sehr gesteigert und dadurch die endliche Festigkeit des Gesamtwerkes geschädigt und auch sein Herstellungspreis gesteigert werden soll.

Unendlich mühevoll hätte es z. B. sein müssen, die weiblichen Flusspersonificationen am Berliner Schlossbrunnen (Abb. 132) mit ihren leicht übergeworfenen Netzen in Sand zu formen.

Das alles führte schliesslich dazu, doch noch einmal mit aller Energie Versuche im Wachsverfahren grossen Massstabes zu machen. In den achtziger Jahren begann man in Deutschland damit und die glänzendsten Erfolge blieben nicht aus.

Besondere Verdienste um die Neubelebung des altehrwürdigen Verfahrens haben das Hüttenwerk Lauchhammer und die Giesserei-Aktiengesellschaft vormals Gladenbeck und Sohn in Friedrichshagen bei Berlin, die seit dem Beginn der neunziger Jahre bereits zahlreiche zum Teil sehr grosse Gusswerke in diesem Verfahren geschaffen haben.

Die neue Art der Formerei mit Hilfe von Wachs ist gegen früher wieder ein wenig verändert und zwar vereinfacht und damit verbilligt, so dass seine Anwendung nicht mehr teurer zu stehen kommen soll, als die Einformung in Sand. Ist das allgemein anerkannt, so wird, wie man hoffen darf, der Sieg über die Teilformerei endgültig entschieden sein.

In der Giesserei-Aktiengesellschaft vormals Gladenbeck und Sohn wird das im folgenden beschriebene Verfahren angewendet.

Da der Vorgang im wesentlichen derselbe ist bei Einformung eines sehr grossen oder eines kleineren Modelles, so sei auch dieses Mal angenommen, es handele sich um den Guss einer Büste von etwa Lebensgrösse.

Das in Gips reproduzierte, mit aufgelöstem Schellack oder dergleichen überzogene Modell wird zur Hälfte mit dem Gesicht entweder nach oben, oder nach unten, in Sand eingebettet. Ueber den vorragenden Teil wird dann locker aufliegend eine etwa drei Finger dicke Thonlage gebracht und über diese eine kräftige Gipshinterlage (Abb. 133). Darauf wird das Ganze gewendet, der Sand entfernt, der Gipsmantel an der Schnittfläche geebnet und mit der Rückseite der Büste in gleicher Weise verfahren, so dass das Modell nun rings von einer Thonlage umhüllt ist, die durch den Gipsmantel Halt bekommt. An der Schnittfläche der Gipshülle sind Vorkehrungen getroffen, dass die Hälften voneinander getrennt und in richtiger Lage wieder aufeinander gepasst werden können.

Die eine Hälfte des Gipsmantels wird nun abgehoben, die Thonlage darunter entfernt und nachdem die Gipsschale wieder über das Modell gebracht ist, durch eine oben hineingebohrte Oeffnung der Raum, den vorher die Thonlage einnahm, mit flüssiger Gelatine gefüllt, die sich aber im Gegensatz zum Thon in alle Feinheiten und Tiefen des Modelles schmiegt (Abb. 134). In gleicher Weise wird, nachdem die Gelatine erstarrt ist, auf der anderen Seite verfahren.

Der Kopf ist dann von einer zweiteiligen Gelatineform umschlossen, die ihre Festigkeit durch die Gipsschale erhält. Die Gelatine ist nachgiebig, die Form lässt sich deshalb, ohne verletzt zu werden, auch von kräftig unterschnittenen Teilen abheben, völlig unterschnittene, ösenartige Vorsprünge jedoch müssen vorher vom Modell abgetrennt und später wieder angefügt werden. Unter allen Umständen ist die Herstellung einer vielteiligen Gipsform sehr viel umständlicher. Die Gelatinehohlform wird darauf sorgfältig mittels Pinsels mit (rotem) Wachs bestrichen und dieser

Auftrag so oft wiederholt, bis die Gelatine überall mit einer 1–2 mm starken Wachsschicht bedeckt ist (Abb. 135). Dann wird in die Form mässig warmflüssiges Kolophonium gefüllt, und nachdem es an der kalten Wachsschicht in einer gewissen Stärke erstarrt ist, wieder ausgeschwenkt. Wachs und Kolophonium zusammen müssen die Dicke erhalten, die man künftig dem Metall zu geben wünscht (Abb. 136). Wenn also nach dem ersten Ausschwenken nicht genügend Kolophonium abgesetzt ist, muss die Form noch einmal damit gefüllt werden. Kern und Mantel werden darauf in der bekannten Weise gebildet. Zunächst wird ein eisernes Gerüst als Kernstütze angefertigt und in die Form gebracht. Durch eine eingebohrte Oeffnung wird dann die aus Gips, Ziegelmehl und Chamotte bestehende flüssige Kernmasse in die Form gegossen. Nach dem Erstarren des Kernes wird die Gelatineform mit Gipsmantel abgehoben und die Wachsschicht aussen frei gelegt (Abb. 137). Am Wachs können nun alle notwendig erscheinenden Macharbeiten vorgenommen und die vorher abgetrennten, für sich geformten oder freihändig modellierten voll unterschnittenen Teile angefügt werden. Dann werden die ebenfalls in Wachs- und Kolophoniumstäben vorgebildeten Luftröhren und Eingusskanäle angebracht und schliesslich wird in schichtweisem Auftrage, wie früher beschrieben ist, der Formmantel hergestellt, ebenfalls bestehend aus Gips, Ziegelmehl und Chamotte (Abb. 138). Nach dem Trocknen des Mantels wird das Wachs und Kolophonium ausgeschmolzen und die ganze Form verglüht, dann ist sie zum Einguss des Metalles vorbereitet.

Man legt heute keinen besonderen Wert darauf, sehr grosse Modelle auf einmal zu giessen, bei Figuren trennt man wohl Glieder und Kopf vom Rumpfe ab und formt und giesst sie einzeln.

Doch wird schon beim Einformen auf eine möglichst

innige Zusammenfügung Rücksicht genommen. Die Ansätze werden zapfenartig geformt und die verstärkten Ränder werden dicht verstaucht.

Zum grössten Teil in dieser Art ist von der genannten Giesserei z. B. der Berliner Schlossbrunnen gegossen.

Handelt es sich um mehrfache Bronzereproduktionen, dann gestattet schon die Gelatineform die Herstellung etlicher Wachsabdrücke; im Notfalle würden über dem erhaltenen Gipsmodell ohne grosse Mühe weitere Gelatineformen hergestellt werden können.

Das in der genannten Firma verwendete Formmaterial ist ein solch vortreffliches, dass, abgesehen von der Entfernung des in den Einguss- und Luftkanälen erstarrten Metalles, eine Ueberarbeitung der Flächen vollkommen überflüssig ist. Der gereinigte Guss erscheint wie mit dem Modellierholz gearbeitet.

Wenn sich auch hinfort wieder, wie es in früheren Jahrhunderten wohl ausnahmslos geschah, unsere Bildhauer bereit finden würden, das Wachsmodell eigenhändig zu überarbeiten, dann würden alle Wünsche erfüllt sein, die an die technische Ausführung unserer Bronzemonumente gestellt werden können.

Fußnoten:

[37] Anm. Gemeint ist die Reiterstatue Heinrichs IV. auf dem Pont Neuf in Paris. Dieses Monument wurde an Stelle des alten, in der Revolution zerstörten, nach dem Modell Lemots im Jahre 1818 errichtet.

[38] Rapports des délégations ouvrières. Exposition universelle de 1867 à Paris. Fondeurs en cuivre S. 5 u. 6.

VI. Der Zinkguss.

In dem Ueberblick über die Entwicklung der monumentalen Erzgusstechnik möge die glücklicherweise nur vorübergehend stark in Aufnahme gekommene Anwendung des Zinks für Bildsäulen nicht ganz unerwähnt bleiben, zumal Berlin den nicht sehr beneidenswerten Ruhm geniesst, dieses Metall in die Plastik eingeführt zu haben, das, ebenso hässlich wie unsolide, aller der Vorzüge entbehrt, die uns die Bronze so schätzbar machen.

Im Jahre 1832 wurden in der Königlichen Eisengiesserei zu Berlin die ersten Giessversuche gemacht, die bald auch im grössten Massstabe Erfolg hatten. Das Zink machte einen Siegeszug durch die ganze Welt.

Die Neuerung war es wohl, die selbst die namhaftesten Künstler verleitete, die Verwendung des Zinks zu empfehlen. In einem 1840 abgegebenen Gutachten schreibt Schinkel:[39] "Je mehr man mit dem Zinkmetalle umgeht und Gelegenheit hat, seine Anwendung in der mannigfaltigsten Art zu fördern, finden sich fortwährend die bedeutendsten Vorteile des Materials, besonders in der Architektur. Ganz vorzügliche Vorteile ergab das gegossene Metall wegen grösserer Stärke, geringerer Empfindlichkeit gegen Kälte und Wärme und wegen der Eigenschaft eines aufs Aeusserste reinen Gusses, weshalb es vorzugsweise für alle plastischen Kunstarbeiten geeignet erscheint." Zu diesem Urteil konnte Schinkel nur auf Grundlage ungenügender Erfahrung gelangen, heute würde kein Künstler so sprechen.

Auf der Berliner Gewerbeausstellung des Jahres 1844 waren bereits von der Königl. Eisengiesserei und von der

Berliner Giessereifirma Devaranne grosse Zinkgussarbeiten ausgestellt. Der Guss geschah wie bei der Bronze in Sand und zwar in vielen Teilen, da ja deren Vereinigung mit Zinnlot äusserst leicht zu bewerkstelligen war.

Schon damals wurden die Zinkmonumente galvanisch verkupfert, versilbert oder gar vergoldet, wodurch, wie im Ausstellungsberichte gesagt ist, das Zink nicht bloss den edlen Metallen vollständig ähnlich gemacht würde, sondern auch seine Oberfläche auf eine dauerhaftere Weise, als dies durch einen Oel-Anstrich möglich sei, gegen den Einfluss der Witterung geschützt würde.

Wie Kataloge und Berichte der nächstfolgenden grossen Ausstellungen bis in die sechziger Jahre hinein erkennen lassen, nahm die Zinkplastik noch an Bedeutung zu, erst allmählich ist wieder die Verwendung dieses Metalles in bescheidenere Grenzen zurückgedrängt worden.

Fußnote:

[39] Amtl. Bericht der allgem. deutschen Gewerbeausstellung. Berlin 1844. Bd. II. S. 131.

VII. Die Treibarbeit.

Neben der Gusstechnik, vermutlich noch früher wie diese, ist fast zu allen Zeiten für metallplastische Werke die Treibtechnik angewendet worden, auch ihre Entwicklung bedarf einer etwas eingehenderen Behandlung.

Das gehämmerte Blech soll schon von den alten Assyrern und Babyloniern bei der Herstellung ihrer ersten Kolossalstatuen verwendet worden sein. Die Art der Metallbehandlung war dabei jedenfalls eine höchst einfache; nicht um eigentliche freie Treibarbeit hat es sich wohl gehandelt, vielmehr wird eine Bekleidung von vorher in einigermassen festen Stoffen — vielleicht Holz oder Thon — hergestellten Bildwerken mit wenig umfangreichen Metallplatten anzunehmen sein. Auch die Stärke des verwendeten Bleches wird anfangs sowohl aus technischen wie aus Sparsamkeitsrücksichten eine geringe gewesen sein. Auf Grundlage dieser Vorstufe mag die künstlerische Blechbearbeitung fortgeschritten sein, man wird gelernt haben, Platten auch ohne darunter liegende Modelle von den gewünschten Formen, nur durch bestimmte Art der Hammerführung zu gestalten und die einzelnen Teile bei Figuren durch Nietung zu vereinigen, so dass sich das ganze Werk, wenn das Blech nur stark genug gewählt war, selbst oder mit Hilfe eines einfachen inneren Gerüstes zu tragen vermochte.

In Aegypten scheint man die Treibtechnik in grösserem Massstabe nie angewendet zu haben, wohl aber hat man in Griechenland, ehe man die Gusstechnik beherrschte, grosse Bildwerke in der angegebenen Art ausgeführt. Pausanias (2. Jahrh. n. Chr.) berichtet von einem solchen Bilde des Zeus, das er in Sparta sah.

Allein Sparsamkeitsrücksichten dürften auch in jüngerer Zeit bei Bildwerken aus edlen Metallen für die Anwendung der Treibtechnik entscheidend gewesen sein, beim Guss sind ja ähnlich dünne Wandstärken, wie sie beim Blech leicht zu erreichen sind, nicht zu erzielen. Bei den berühmtesten Statuen des Altertums, den Kolossalgestalten des Olympischen Zeus und der Athena Parthenos von Phidias, wurden die neben dem Elfenbein verwendeten Edelmetallteile zweifellos durch Hämmern in ihre Form gebracht.

In Kupfer scheint man jedoch in jüngerer griechischer Zeit ebenso selten wie in Rom grössere Bildwerke getrieben zu haben, bei dem weniger kostbaren Metalle zog man auch für grösste Werke den Guss vor. Und wenn es richtig ist, wie angenommen wird, dass Kaiser Konstantin d. Gr. wieder grosse Treibarbeiten für Rom ausführen liess, so hängt das gewiss mit dem Sinken der Giesskunst zusammen.

Eine Blütezeit der freifigürlichen Treibplastik war das ganze Mittelalter, wenn auch seltener bei Bildwerken grossen Massstabes.

Berichtet wird, dass Ina von Wessex († 727) Vollfiguren von Christus, der Madonna und den zwölf Aposteln treiben liess. Die zahlreichen, aus dem Anfange des zweiten nachchristlichen Jahrtausends erhaltenen, mit vielen Figuren ausgestatteten Reliquienschreine, Altartafeln u. a. m. beweisen, zu welcher Meisterschaft man es in dieser Technik wieder gebracht hatte.

Abb. 139. Madonna aus dem Lüneburger Silberschatz
(Berlin, Kgl. Kunstgewerbe-Museum).

Abb. 140. Dresden, Denkmal des Königs August des Starken; in Kupfer getrieben von L. Wiedemann aus Nördlingen.

Aus dieser Zeit haben wir von dem früher genannten kunstgeübten Mönche Theophilus auch die erste sehr ausführliche Beschreibung über das damals geübte Treibverfahren, zum wenigsten für Reliefs mit stark vortretenden Figuren. Den Höhepunkt des Könnens hatte man zur Zeit dieses Künstlers noch nicht erreicht, doch die Ausführungsweise blieb auch später in den Hauptsachen die gleiche. Der Treibkünstler musste mit Herstellung des Bleches beginnen und zahlreiche Schwierigkeiten stellten sich bereits bei dieser Vorbereitungsarbeit ein. Die Ausführungen des Theophilus weisen, wie bei der Beschreibung der Form- und Giesstechnik, auch hier mit gewohnter Gewissenhaftigkeit auf alles Wesentliche hin. Der Mönch verwendet sehr dünnes Blech, aus dem er die Hauptformen mit gerundetem Eisen zunächst herausdrückt; erst zur Durcharbeit verwendet er Hammer und Punzen.

Theophilus schreibt[40]: "Hämmere eine Gold- oder Silberplatte, welcher Länge und Breite du willst, um Bildwerke darzustellen. Untersuche dieses Gold oder Silber, wenn du es zum Ersten gegossen hast, sorgfältig durch Schaben und Graben, dass nicht etwa eine Blase oder Spaltung darin sei, welche häufig durch Sorglosigkeit oder Nachlässigkeit oder Unwissenheit oder Ungeschicklichkeit des Giessenden entstehen, wenn zu warm, zu kalt, zu eilig oder zu langsam gegossen wird. Wenn du aber bedächtig und vorsichtig gegossen hast, und du entdecktest einen derartigen Mangel daran, so grabe ihn mit einem hierzu tauglichen Eisen sorgfältig aus, wenn es möglich ist. Sollte die Blase oder Spaltung von solcher Tiefe sein, dass du sie nicht herausgraben könntest, so musst du es umschmelzen, und zwar so lange, bis es makellos ist. Ist es dann also, so sorge, dass deine Ambosse und Hämmer völlig glatt und poliert seien, mit denen du arbeiten musst, auch trage mit höchster Genauigkeit Sorge, dass die Gold- und Silberplatte an allen Stellen so gleich gehämmert werde, dass es an keiner Stelle dicker sei als an der andern. Wenn es nun so verdünnt worden ist, dass der kaum eingedrückte Nagel auf der Rückseite sichtbar wird, völlig auch ohne Fehler, so führe sogleich Bildnisse wie du willst nach deinem Gefallen aus. Führe sie auf der Seite aus, welche dir mehr fehlerfrei und schön vorkommt, jedoch nur leicht und so, dass sie auf der anderen Seite wenig erscheinen.

Reibe dann mit einem krummen und gut geglätteten Eisen

vorerst den Kopf, weil er am höchsten vorstehen soll (das Reiben hat bei dünnem Blech dieselbe Wirkung wie das Hämmern, in beiden Fällen wird das Metall gedehnt). Wende also die Tafel auf die Vorderseite und reibe um das Haupt mit dem flachen und glatten Eisen, so dass, sowie der Grund zurücktritt, das Haupt gehoben wird, und zugleich schlage um das Haupt mit einem mittleren Hammer leicht am Amboss, dann setze es vor dem Ofen auf Kohlen und mache es an eben jener Stelle heiss, bis es glüht. Ist das gethan und die Tafel ohne Hinzuthun erkaltet, so reibe wieder unten mit dem krummen Eisen leicht und sorgsam die Vertiefung unter dem Haupte. Dann, wenn du die Tafel gewendet hast, reibe von neuem am oberen Teile mit dem flachen Eisen, lasse den Grund zurücktreten und den Berg für den Kopf aufsteigen, schlage dann mit dem mittleren Hammer leicht wieder rings herum und erhitze von Neuem auf Kohlen. So verfahre öfter, in dem du aussen und innen sorgsam die Erhebung bildest, häufig niederhämmerst, ebenso häufig wieder erhitzest, bis die Erhöhung drei oder vier Finger Höhe erreicht hat oder mehr oder minder nach der Grösse der Bilder. Wenn aber das Gold oder Silber noch etwas dicht sein sollte, so kannst du es innen mit einem langen und dünnen Hammer schlagen und verdünnen, wenn es erforderlich wäre. Wenn daher zwei oder drei oder mehr Köpfe auf der Tafel sein sollen, so musst du um jedes Einzelne es so machen, wie ich gesagt habe, bis die Höhe erreicht ist, welche du wünschest. Dann mache mit dem zur feineren Ausführung bestimmten Eisen (Punzen) die Zeichnung an dem Körper oder an den Körpern der Bildnisse fertig und bringe sie, bald austreibend, bald niederhämmernd, bis zur beliebigen Erhebung, nur das Eine nimm in Acht, dass das Haupt stets vorrage. Nach diesem bezeichne Nasen und Augenbrauen, Mund und Ohren, Haare und Augen, Hände und Arme und das Uebrige, ferner die Schatten (Falten?) der Gewänder, die Schemel, die

Füsse und bilde diese Erhebung innen leicht und sorgfältig mit kleinen krummen Eisen mit grosser Vorsicht, dass nichts durchbrochen oder durchlöchert werde.... Bei kupfernen, ebenso gehämmerten Tafeln ist die Arbeit dieselbe, nur grösserer Kraftaufwand und mehr Sorgfalt nötig, da sie härter sind von Natur."

Abb. 141. Braunschweig, Schloss mit Brunonia; Modell und Treibarbeit von Georg Howaldt in Braunschweig.

Die weiteren ausführlichen Angaben des Mönches, wie zu verfahren sei, wenn durch die Bearbeitung im Metalle Risse entstehen, ist hier von geringerem Interesse.

Auch in den Jahrhunderten nach Theophilus, bis ins 18. Jahrhundert hinein, blieb die Treibtechnik bei Vollfiguren in der Hauptsache auf die edlen Metalle beschränkt, nicht etwa mangelnde Fähigkeit verhinderte dabei die Gusstechnik anzuwenden.

Rühmlich bekannte Arbeiten der deutschen freifigürlichen Treibkunst der Zeit um 1500 sind die zum Lüneburger Silberschatz gehörige Madonna im Berliner Kunstgewerbemuseum (Abb. 139) und die vielleicht noch höher stehende ähnliche Figur im Berliner Neuen Museum, beide etwa in ein Drittel Lebensgrösse.

267

Wichtige Angaben über die Anwendung und die Art der in Italien im 16. Jahrhundert geübten Treibtechnik giebt uns Cellini. Er beschreibt zunächst, wie Figuren etwa von der Grösse einer halben Elle in Goldblech zu treiben sind. Der Meister Caradosso, sagt er, habe ein anderes Verfahren angewendet wie er selbst; dieser: "pflegte ein Modell aus Wachs von genau der Grösse anzufertigen, die er dem Crucifixe geben wollte; wobei er die beiden Beine aber getrennt, und nicht, wie gebräuchlich, über einander geschlagen darstellte. Nachdem er dieses Modell sich in Bronze hatte abgiessen lassen, nahm er ein Goldblech von dreieckiger Gestalt, welches den Gekreuzigten rings um zwei Fingerbreiten überragte und legte es auf das Bronzemodell. Nun gab er ihm mit kleinen länglichen Holzhämmern durch Anschlagen an den Bronze-Christus eine ziemliche Rundung, bearbeitete es dann, bald von dieser, bald von jener Seite mit Punzen und Hammer, bis das Relief ihm hinreichend hoch erschien, worauf er mit denselben Werkzeugen die überstehenden Ränder des Goldbleches einander so zu nähern suchte, dass sie sich auf der Rückseite der Figur fast berührten und dadurch die Rundung des Rumpfes, Hauptes und der Glieder zur Darstellung brachten. War dies erreicht, füllte er die Figur mit... Kitt (d. i. sogenanntes Treibpech, vorwiegend bestehend aus Pech, Harz und Ziegelmehl) und trieb mit kleinen Hämmern und feinen Punzen sämtliche Muskeln und sonstige Einzelheiten heraus. Sodann leerte er sie vom Pech, verlötete die offenen Stellen aufs sauberste... liess jedoch an den Schultern hinten ein Loch offen, um später das Pech aufs neue ein- und ausgiessen zu können. Die Vollendung des Ganzen gab er danach mit den bekannten Punzen und überarbeitete, nachdem er die Füsse des Christus behutsam kreuzweis übereinander gelegt, das Ganze zuletzt mit äusserster Feinheit."

Abb. 142. Braunschweig, Denkmal des Herzogs
Friedrich Wilhelm. Modell und Treibarbeit von G.
Howaldt in Braunschweig.

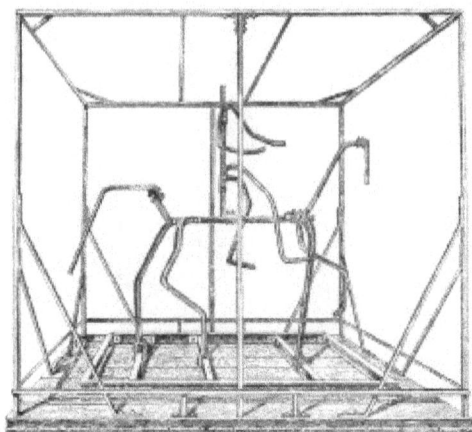

Abb. 143. Eisengerüst für die Ausführung eines getriebenen Reiterdenkmals (Abbildung aus H. Riegel, Kunstgeschichtliche Vorträge und Aufsätze).

Das Treiben über ein festes Modell, wie es in den ältesten Zeiten geschah, wurde also auch später geübt, noch in jüngster Zeit hat man auf diese Erleichterung nicht immer verzichtet. Cellini sagt von sich selbst: "Ich meinesteils wandte die Bronze nicht an, weil sie dem Golde nachteilig ist, dasselbe brüchig macht und rasches Fördern erschwert. Statt dessen ging ich sofort mit sicherer Hand und im Vertrauen auf meine Uebung... ans Werk und hatte dadurch meine Arbeit schon um etliche Tagewerke gefördert, während Caradosso noch mit seinem Bronzemodell zu thun hatte. Im übrigen verfuhr ich jedoch ganz wie dieser brave Mann."

Weiter beschreibt Cellini auch, wie überlebensgrosse Figuren in Silber zu treiben sind. Viele Figuren von nur 1½ Ellen Höhe habe er für den Altar von Sanct Peter anfertigen sehen; viel mehr Schwierigkeiten böte, obschon das Verfahren ja im Grunde dasselbe sei, die Herstellung lebensgrosser oder noch grösserer Figuren, von solchen habe er nie eine zu Gesicht bekommen, die des Anschauens wert gewesen wäre.

Auch über die französische Treibkunst seiner Zeit spricht er sich aus. Er erzählt: "Als Kaiser Karl V. zu Zeiten König Franciscus I. durch Frankreich zog, weil die grossen Kriege, welche beide Herrscher gegeneinander geführt hatten, beendigt waren, gab der wundersame König dem Kaiser unter anderen Geschenken auch eine silberne Statue, 3½ Ellen hoch, welche den Herkules mit zwei Säulen darstellte. Obwohl ich ... wegen der vielen Arbeiten, die zu Paris in diesem Fache ausgeführt werden, in keinem Teil der Welt den Hammer beim Treiben mit grösserer Sicherheit führen sah, gelang es trotzdem den besten Meistern nicht, jene Statue mit anmutiger Schönheit kunstgerecht zu vollenden.... Als der König wünschte, zwölf silberne Statuen in jener Grösse anfertigen zu lassen, beklagte er mir gegenüber auf das lebhafteste, dass seine Meister ein solches Unternehmen nicht hatten durchführen können, und fragte mich dann, ob ich mich dessen wohl getraue."

Cellini giebt darauf die von anderen Künstlern und von ihm selbst geübte Ausführungsart an, die in beiden Fällen den vorher angegebenen Verfahren gleichen, nur dass bei grossen Figuren in einzelnen Teilen gearbeitet wird; man teile den Rumpf in vordere und hintere Hälfte und ebenso würden Arme, Beine und Kopf einzeln in zwei Teilen getrieben. Die Ränder je zweier Platten würden, nachdem sie in die gewünschte Form gebracht seien, mit (schwalbenschwanzförmigen) Einschnitten versehen, die ineinander gehämmert und später verlötet würden. Cellini sagt auch hier, dass er es verschmähe, die einzelnen Teile über Bronzeabformungen zu hämmern, freihändig nach dem Modell triebe er die Formen aus der Platte heraus. Die Hauptschwierigkeit bestehe im Verlöten der Teile; auch wie er dabei verfahren habe, giebt er im einzelnen an.

Näheres ist nicht bekannt über die Ausführung der von

Siro Zanello und Bernardo Falcone in den Hauptteilen in Kupfer getriebene Kolossalfigur des Heil. Carlo Borromeo, die am Ufer des Lago maggiore im Jahre 1697 aufgestellt wurde.

Auch in Frankreich entstand schon, wie es scheint, um das Jahr 1600, ein grosses Denkmal in Treibarbeit: das ehemals in Chantilly befindliche Reiterbild des Connetable von Montmorency (1493 bis 1567). Patte sagt in seiner bereits angeführten Schrift vom Jahre 1765 über dieses Werk: "Die erzene Reiterstatue des letzten Connetable von Montmorency, die man dem Schlosse von Chantilly gegenüber sieht, ist eins der ersten Monumente dieser Art, deren in Frankreich Erwähnung geschieht. Der Connetable ist in antiker Rüstung dargestellt, mit dem gezogenen Schwerte in der Hand; sein auf dem Boden liegender Helm stützt einen Fuss des Pferdes. Diese Statue, die in Kupfer getrieben ist, in der Art der Alten, wird von Kennern geschätzt."

Im 18. Jahrhundert beginnt man auch in Deutschland damit, unter freiem Himmel aufzustellende, grosse metallene Bildwerke aus Blech durch Hämmern herzustellen. In den Jahren 1714–1717 entstand der Herkules auf der Wilhelmshöhe bei Cassel. Schon früher wurde angeführt, dass man das Dresdner Reiterdenkmal König Augusts des Starken anfangs der dreissiger Jahre des 18. Jahrhunderts von dem Augsburger Kunstkanonenschmied Wiedemann in Kupfer treiben liess (Abb. 140).

Etwa 1780 begründete auch Friedrich d. Gr. in Potsdam eine Werkstatt für Kupfertreiberei, aus der eine Reihe bedeutsamer Werke hervorging.[41] Ausser kleineren Werken entstand hier die bekrönende Figurengruppe für die Kuppel des Neuen Palais in Potsdam, dann die Figur des Atlas mit der Weltkugel für die Kuppel des dortigen Rathauses. Einige Jahrzehnte später wurde in dieser Anstalt die Quadriga für das Brandenburger Thor in Berlin nach Schadows Modellen ausgeführt. Die Viktoria wie die Pferde wurden für dieses grosse Werk zunächst in voller Grösse in Eichenholz geschnitten, und n a c h diesen Vorbildern, wie Schadow selbst angiebt, n i c h t ü b e r diesen Holzmodellen, wurden Pferde und Siegesgöttin getrieben vom Kupferschmied Jury und Klempner Gerike. Ueber die Art der Arbeitsweise in jener Werkstatt ist Genaueres nicht bekannt, Schadow selbst schreibt nur darüber: "Mancher vermeint, das kolossale hölzerne Modell diene dem Hämmerer, sein Metall darauf zu treiben, welches irrig ist. Das Verfahren lässt sich nicht mit Worten beschreiben: soviel wäre hier nur anzudeuten, dass Streifen von Blei wegen ihrer Ductilität dazu dienen, solche auf einzelne Theile des Holzmodells so anzudrücken, dass sie die Undulationen dieser Theile annehmen und so dem Arbeiter zeigen, welche Schwingungen er dem Metall zu geben hat."

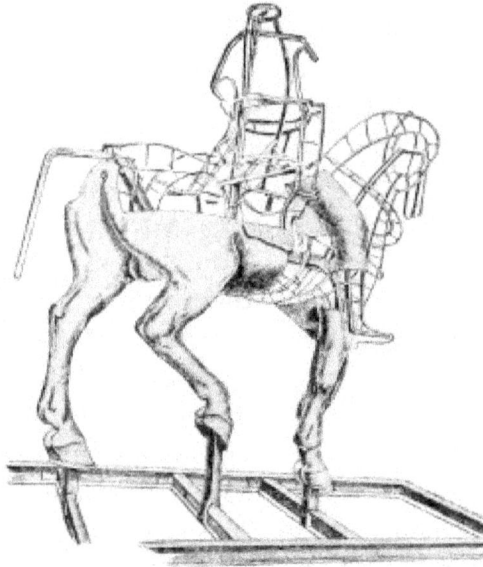

**Abb. 144. Getriebenes Reiterdenkmal in der Arbeit
(Abb. aus Riegel a. a. O.).**

Man versteht dann nicht recht, weshalb man diese
grossen Hilfsmodelle in Holz und nicht in Gips arbeitete,
der doch dieselben Dienste geleistet haben würde, wenn
man nicht unmittelbar darauf das Blech hämmern wollte.

Von anderen grossen Treibarbeiten in Berlin ist vor allem
noch zu nennen die Gruppe des Apollo auf dem
Greifenwagen auf dem Ostgiebel des Schauspielhauses nach
Tiecks Modell und der Pegasus auf dem Westgiebel desselben
Bauwerks.

Bekanntere grosse Treibarbeiten an anderen Orten
Deutschlands sind dann noch die Viktoria auf der Waterloo-
Säule in Hannover (1832), ferner aus der zweiten Hälfte des
19. Jahrhunderts die Hermannsfigur vom Denkmal im
Teutoburger Walde und, abgesehen von jüngsten
Monumentalwerken der Treibtechnik, eine Reihe

274

grossartiger Arbeiten in Braunschweig, die ein wenig näher betrachtet zu werden verdienen, zumal wir über die dabei angewendete Arbeitsweise genauer unterrichtet sind.[42]

Der Braunschweiger Treibkünstler Georg Howaldt, von dessen Gusswerken bereits vorher gesprochen ist, führte in den Jahren 1858–1863 für das Schloss seiner Heimatsstadt die Brunonia mit dem Viergespann aus (Abb. 141) (zum zweiten Male ausgeführt nach dem Brande des Schlosses (1865–1868)) und die Reiterdenkmäler der Herzöge Karl Wilhelm Ferdinand und Friedrich Wilhelm von Braunschweig in den Jahren 1870–1874 (Abb. 142).

Eine äusserst wichtige Neuerung der Howaldtschen Arbeitsweise bestand zunächst darin, dass er nur Hilfsmodelle von etwa ¼ Ausführungsgrösse benutzte.

Die Arbeit begann dann damit, ein dem Kerngerüst der Gussformen ähnliches Eisengerippe zu errichten; schon bei diesem war natürlich die sorgfältigste Massübertragung nach dem kleinen Modell absolut notwendig. Um möglichste Genauigkeit zu erreichen, baute der Meister sowohl um das Modell, wie um die Stelle, an der der Zusammenbau des Metallwerkes geschehen sollte, ein Rahmenwerk in Form eines viereckigen Kastens im Grössenverhältnis von Modell und Ausführung (Abb. 143). Durch Abstandmessungen und Lotungen, bei denen die Zahlenwerte stets um den Vergrösserungsmassstab z. B. mit 4 zu vervielfachen sind, können dann die einzelnen Punkte innerhalb des Rahmenwerks leicht festgelegt werden.

Sobald das Eisengerippe fertig gestellt war, wurde mit der Ausführung der äusseren Form in Kupferblech von 2 bis 3 mm Stärke begonnen. Je nach der einfacheren oder bewegteren Gestaltung der einzelnen Teile wurden grössere oder kleinere Tafeln für sich bearbeitet (Abb. 144). Das Treiben der in ihrer Umrissform und Grösse zugeschnittenen Stücke geschah in erster Linie neben dem Modell nach Augenmass; durch Auflegen auf das Eisengerippe konnte durch Messung die Richtigkeit aller Verhältnisse leicht geprüft werden. Die Durchführung in den Einzelheiten geschah auch bei Howaldt in der früher angegebenen Weise. Kleine freistehende Teile pflegte der Braunschweiger Meister durch Guss herzustellen. Die fertig bearbeiteten Teile wurden schliesslich über dem Eisengerippe vereinigt, daran befestigt und untereinander möglichst dicht und fest verbunden.

Neben einer blühenden Giesskunst sind im 19. Jahrhundert der Treibtechnik in Kupfer zahlreiche Aufgaben zugefallen; nur materielle Rücksichten können dieses Mal ihre Anwendung gefördert haben. Die Zeiten haben sich ein wenig geändert; verlangte man früher für das zur Verfügung stehende Geld das Solideste und zweifellos Beste, so begnügt man sich heute damit, den Schein des Besten zu erwecken. Künstlerisch steht zweifellos die Treibtechnik, auch wenn sie von der Hand eines Meisters, wie Howaldt, geübt wird — was nur selten der Fall ist — noch hinter der Teilformerei zurück, von der weit höheren Dauerhaftigkeit des Gusses gar nicht zu reden. Eine Feinheit der Durcharbeitung, wie sie beim Wachsausschmelzverfahren ohne besondere Mühewaltung erzielt wird, kann im starken Kupferblech nicht erreicht werden. Und selbst wenn man gröbere Abweichungen vom Originalmodell nicht annehmen will — obschon sie um so stärker sein werden, je kleiner das vom Bildhauer geschaffene Modell ist — über die Stufe einer leidlichen Kopie kann sich eine grosse Treibarbeit nie erheben.

Für Bildhauerwerke, die bestimmt sind, in mässiger Entfernung vom Auge auf öffentlichen Plätzen aufgestellt zu werden, sollte schon aus diesem Grunde stets der Guss vorgezogen werden. Künstlerisch einwandfrei und des wesentlich geringeren Gewichtes wegen vorzuziehen wird die Treibtechnik stets bei solchen Werken sein, die auf Umrisswirkung bestimmt sind, d. h. also bei Bekrönungsfiguren oder Gruppen auf Gebäuden oder in ähnlicher Aufstellung.

Technische Bedenken bleiben jedoch bei allen, den Witterungsunbilden ausgesetzten Treibwerken bestehen wegen der grossen Schwierigkeit, die zahlreichen Teilstücke völlig dicht zu vereinigen. Schlechte Erfahrungen in diesem Sinne sollen auch bei der von Howaldt gearbeiteten Braunschweiger Quadriga, bei der doch gewiss alle Sorgfalt angewendet wurde, gemacht worden sein.[43] In jüngster Zeit unterzieht man sich der grossen Mühe, alle Fugen im Feuer hart zu verlöten, und es ist zu wünschen, dass die verschiedenen, in jüngster Zeit entstandenen, Brunnengruppen, bei denen die Gefahr, dass eindringendes Wasser die inneren Eisenteile zerstört, besonders gross ist, durch diese Behandlung dauernd geschützt sind.

Fußnoten:

[40] Uebersetzung von Ilg.

[41] Eggers, Rauch Bd. II, S. 407 und H. Riegel, Kunstgeschichtliche Vorträge und Aufsätze, Braunschweig 1877, S. 349ff.

[42] H. Riegel a. a. O.

[43] Vgl. Maertens, Deutsche Bildsäulen, Stuttgart 1892, S. 42.

VIII. Die Galvanoplastik.

Das jüngste Reproduktions-Verfahren, das auch für die monumentale Metallplastik in Anwendung gekommen ist, ist das galvanische. Das Metallbild entsteht dabei im grossen und ganzen auf die Art, dass man zunächst von einem vorhandenen Modell in der Ausführungsgrösse eine Teilform z. B. in Gips herstellt. Die Gipshohlform wird aufs sorgfältigste zusammengesetzt und nachgebessert, darauf ihre Innenfläche mit einer leitenden Schicht z. B. Graphit gleichmässig in äusserster Feinheit überzogen. Wird dann die so vorbereitete Form in ein aus einer Kupferlösung gebildetes Bad gebracht und die Graphitschicht leitend mit einem Pole der Dynamo-Maschine oder elektrischen Batterie verbunden und wird deren anderer Pol mit ebenfalls in jenem Bade aufgehängten Kupferplatten verbunden, dann schlägt, sobald der Strom hindurchgeführt wird, das reine metallische Kupfer auf der Graphitschicht nieder. Je länger der Strom hindurchgeführt wird, um so stärker wird der Niederschlag. Da die Wandstärke mit der Grösse des Modelles zunehmen muss, wird darnach die Dauer des Herstellungsvorganges zu bemessen sein. Wenn die Metallschicht die notwendige Dicke erreicht hat, ist es nur notwendig, die umgebende Form zu zerschlagen, deren absolut getreuer Abdruck dann zu Tage tritt.

Die ersten grösseren galvanoplastischen Werke dürften auf den Ausstellungen der vierziger Jahre des verflossenen Jahrhunderts zu sehen gewesen sein.

Im Bericht der Berliner Gewerbe-Ausstellung des Jahres 1844 heisst es: "Eigentlich erst im Jahre 1840, was die praktisch-technische Anwendung der Galvanoplastik anbelangt, durch Jacoby und Spencer (in Petersburg) ins

Leben getreten, sind in dem kurzen Zeitraum von wenigen Jahren schon so grossartige Resultate durch die noch so neue und junge Kunst erlangt worden..." Eugen von Hackwitz in Berlin hatte damals eine Büste des Königs auf vier Fuss hoher Säule und Sockel ausgestellt "das Grossartigste, was bisher von galvanoplastischen Arbeiten gesehen worden ist".

Friedrich Wilhelm IV. soll mit lebhaftem Interesse die neue Erfindung aufgenommen haben.[44] Rauch musste zum Haupte der Juno Ludovisi eine Büste mit Gewand zur galvanoplastischen Vervielfältigung modellieren, und als darauf die Nachricht aus Petersburg kam, dass von Hackwitz galvanoplastische Apostel von 12 Fuss Höhe anfertige, schrieb Rauch an Rietschel: "Ein wahres Glück, dass unsere neue Giesserei unter Dach ist, sonst würde sie jetzt nicht mehr gebaut werden, wie der König mir neulich selbst sagte, dass sie nun überflüssig werde."

In Paris stand man schon damals dem neuen Verfahren weniger bereitwillig gegenüber, obschon auch die Pariser Giesser, z. B. Soyer erfolgreiche Versuche aufzuweisen hatten. Der erste Einwand, der gewiss als berechtigt anerkannt werden muss, war der, dass die Bronze wesentlich dauerhafter sei, als reines Kupfer.

Auf der Münchener Ausstellung des Jahres 1854 hatte von Kress in Offenbach 3 Fuss hohe Statuetten ausgestellt, von seinen 11 Fuss hohen Statuen zum Guttenberg-Denkmal hatte der Fabrikant keine senden können. Im Bericht dieser Ausstellung heisst es weiter: "Zweifellos ist die Galvanoplastik der einzige Weg, auf welchem ein künstlerisches Produkt unmittelbar und vollständig plastisch wiederzugeben sein möchte, und wenn nun zu diesen höchsten Vorzügen noch grosse Kostenersparnis kommt, so muss sich dieselbe Bahn brechen."

Am Guttenbergdenkmal in Frankfurt a. M. wurden die drei Hauptfiguren galvanisch hergestellt (die acht Nebenfiguren wurden zuerst in Zinkguss ausgeführt), es war wohl das erste grosse Monument für einen öffentlichen Platz, bei dem das elektrolytische Verfahren angewandt wurde; das Denkmal wurde im Jahre 1858 enthüllt.

Diese Figuren wurden im Jahre 1892 genau untersucht und der Befund war in jeder Hinsicht befriedigend, so dass man sich entschloss, auch die Nebenfiguren galvanisch zu erneuern.

Trotz der zweifellosen Erfolge haben sich die Erwartungen, die man dem Verfahren bei uns anfänglich entgegenbrachte, nicht erfüllt; man giesst heute mehr denn je vorher.

Das reine, auch nicht durch Hämmern verdichtete Kupfer ist für öffentliche Denkmäler gar zu weich, das wird der Haupteinwand bleiben, den man gegen das galvanische Verfahren erheben muss.

Wenn auch ein abgeschlossenes Urteil über die Monumental-Galvanoplastik durchaus noch nicht gewonnen werden kann, auf jeden Fall dürfte feststehen, dass der Bronzeguss das Höhere und Bessere ist; zu wünschen wäre, dass man ihm hinfort stets den Vorzug geben möchte.

Die noch heute bedeutendste Firma für die Anwendung des neuen galvanoplastischen Verfahrens im Grossen ist die Geislinger Metallwarenfabrik, deren Hauptwerk, das Guttenberg-Denkmal, eine ganze Reihe weiterer grosser Aufträge nach sich gezogen hat.

Die jüngsten grossen erzplastischen Schöpfungen bieten uns die Gewähr, dass in den kommenden Jahrzehnten am

Mangel technischer Erfahrung die Ausführung auch der schwierigst zu formenden Monumente nicht nur nicht scheitern kann, sondern dass technisch auch wieder den früheren Jahrhunderten wirklich Gleichwertiges zu liefern möglich ist.

Unsere Kunstgiesser sind jeder Aufgabe gewachsen, man gebe ihnen Gelegenheit, ihr Können zu bethätigen. Vor allem mögen unsere Bildner dafür sorgen, dass ihre Werke würdig seien, im edlen Erz Jahrhunderte zu überdauern.

Fußnote:

[44] Eggers, Rauch, Bd. III, S. 285.

Inhalt.

Meister-, Länder- und Ortsnamen-Verzeichnis.

(Die Namen der als Giesser, Ciseleure, Treibkünstler etc. thätigen Meister sind g e s p e r r t gedruckt.)

Duval 71.

Eck & Durand 114.
Eichstaedt 58.
Eisler 56.
Ekimoff 85.
England 81. 83.
Erfurt 29.
Etrusker 24.

Falcone 127.
Falconet 73. 84.
Feierabend 103.
Ferrara 47.
Fischer 101ff.
Florenz 30. 32. 46ff.
Fontaine 114.
Fontainebleau 69.
Forchheim in Franken 58.
Frankfurt a. M. 110. 131.
Frankreich 68. 114.
Freiberg i. S. 55.
Frey 57. 58.
Friebel 105ff.
Friedrichshagen bei Berlin 118.

Gauthier 114.
Geislingen 131.
Gerhard 56. 57.
Gerike 128.
Ghiberti 30. 46.

Livorno <u>49</u>.

London <u>70</u>. <u>83</u>.

L ö ffl e r <u>52</u>. <u>58</u>.

L u d w i g de D u c a<u>52</u>.

Luneville <u>74</u>.

Lüttich <u>29</u>.

Lyon <u>70</u>ff.

Madrid <u>82</u>.

Magdeburg <u>113</u>.

M a r c e l l o <u>49</u>.

Marzeline <u>72</u>.

M ä tt e n s b e r g e r <u>86</u>.

M e i e r <u>85</u>.

Michelangelo <u>47</u>.

Michelozzo <u>46</u>.

M i l l e r, Ferd. v. <u>109</u>ff. <u>112</u>.

Mocchi <u>49</u>.

Moitte <u>114</u>.

Montpellier <u>71</u>.

Moskau <u>100</u>.

Möhra <u>112</u>.

Mühlau bei Innsbruck <u>58</u>.

München <u>56</u>. <u>57</u>. <u>108</u>ff.

Nancy <u>74</u>.

Neapel <u>100</u>.

N e i d h a r d t <u>57</u>.

Niederlande <u>81</u>.

Nürnberg <u>50</u>. <u>55</u>ff. <u>113</u>.

Osnabrück 102.

Padua 46. 47.

Paris 68ff. 98. 100. 109. 112. 114. 126. 130.

Patina 16ff.

Perugia 30. 48.

Peterhof 56.

Petersburg 73. 98. 100. 104. 130.

Phidias 122.

Phönizier 21.

Piacenza 49.

Pigalle 74.

Pilon 69.

Pisano, Andr. 30.

Poitiers 24.

P o l l a j u o l o 47.

Portugal 83.

Potsdam 127ff.

Prag 29. 56. 58. 112.

Pressburg 61.

Prieur 69.

Primaticcio 69.

R a s t r e l l i 84.

Rauch 98ff. 130.

Reich 112.

R e i c h e l 57.

R e i n h a r d t 58. 82.

R e i s i n g e r, Hans 57.

— (Giessereidirektor Berlin) 100.

Rennes 71. 74.

Spencer 130.

Sueur, H. le 70.

Susse 114.

St. Denis 69.

Stiglmaier 109ff.

Stockholm 85. 98.

Tacca 49. 70. 82.

Theophilus 6. 7. 9. 13. 25ff. 53. 123ff.

Thiébaut 114.

Thorn 103.

Thorwaldsen 110.

Tieck 103. 128.

Troja 22.

Utrels 72.

Varin 73.

Venedig 47.

Verrocchio 47.

Vischer 50.

Volterra, D. da 70.

Vries, A. de 56.

Vuarin 109.

Weimar 111.

Wiedemann 61. 127.

Wien 61. 62.

Wiskotschil, Th. J. 86.

Wittenberg 99.

Wolff 107.

Wolrab 56.

Monographien des Kunstgewerbes.
Herausgeber: Prof. Dr. Jean Louis Sponsel. Verlag: Hermann Seemann Nachfolger in Leipzig.

Das Kunstgewerbe steht unter den Kulturgütern, die in den letzten Jahrzehnten eine so unvergleichliche Blüte erfahren haben, in der vordersten Reihe. Der mächtige Aufschwung des Kunstgewerbes hat jetzt ebensowohl in Amerika wie in England, in Skandinavien wie in Belgien, in Frankreich wie in Deutschland eine neue Epoche der künstlerischen Entwickelung eingeleitet. Den gewerblichen und angewandten Künsten wird wieder allgemeines Interesse gewidmet.

Dieser grossen Kulturströmung will die Sammlung "MONOGRAPHIEN DES KUNSTGEWERBES" dienen, herausgegeben von Prof. Dr. JEAN LOUIS SPONSEL, dem in der Fachwelt wie in den Kreisen der Kunstfreunde und Sammler in gleicher Weise bekannten Dresdner Forscher. Die Bücher unserer Sammlung sollen sowohl das moderne als auch das historische Kunstgewerbe darstellen und sein Verständnis fördern. Ausser den einzelnen kunstgewerblichen Gebieten sollen auch die grossen Blütezeiten des Kunsthandwerks und seine wichtigsten Pflegestätten behandelt werden.

Die "MEISTER DES KUNSTGEWERBES", eine Sondergruppe der grösseren Abteilung, sollen endlich die bahnbrechenden Schöpfer, die Pioniere und Genies des Kunsthandwerks wie in einer Galerie vereinigen.

Die Mitarbeiter der Sammlung haben sich sämtlich durch eigene Forschung auf dem von ihnen behandelten Gebiete heimisch gemacht und beherrschen ihren Stoffkreis so, dass sie die leitenden Züge der Entwickelung, die durch das Material bedingte technische Behandlung und die Stellung unserer Zeit zu den Werken der Vergangenheit und der Gegenwart durchaus exakt und erschöpfend darzustellen vermögen. Ebenso haben sie sich in der gerade für das Kunstgewerbe so wichtigen Frage der Kennerschaft durch langjährige Erfahrung erprobt und bewährt. Jedes Heft wird so reich als nur möglich und so eingehend, als es der Stoff verlangt, durch Abbildungen illustriert. Auch werden da, wo grösstmögliche Treue der Wiedergabe geboten ist, Lichtdrucke — und da, wo die farbige Wiedergabe der Originale für deren Wirkung in erster Linie steht, Farbentafeln beigefügt.

Bis jetzt sind folgende Bände erschienen:

Dr. Wilhelm Bode, Berlin, Geheimer Regierungsrat, Direktor an den Berliner Museen.

"Vorderasiatische Knüpfteppiche aus älterer Zeit." Preis in Leinw. geb. 8 M., in Leder geb. 9 M.

Dr. Gustav E. Pazaurek, Kustos des Nordböhm. Gewerbemuseums in Reichenberg.

"Moderne Gläser." Preis in Leinw. geb. 6 M., in

Leder geb. 7 M.

Dr. Adolf Brüning, Direktorialassistent am kgl. Kunstgewerbemuseum zu Berlin.

"Die Schmiedekunst seit dem Ende der Renaissance." Preis in Leinw. geb. 6 M., in Leder geb. 7 M.

Prof. Richard Borrmann, Direktorialassistent am kgl. Kunstgewerbemuseum Berlin.

"Moderne Keramik." Preis in Leinw. geb. 5 M., in Leder geb. 6 M.

In Vorbereitung:

Dr. Wilhelm Bode, Berlin, Geheimer Regierungsrat, Direktor an den Berliner Museen.

"Die italienischen Hausmöbel der Renaissance." Preis in Leinw. geb. 5 M., in Leder geb. 6 M.

"Bilderrahmen in alter und neuer Zeit."

"Florentiner Majoliken des 15. Jahrhunderts."

Prof. Richard Borrmann, Direktorialassistent am kgl. Kunstgewerbemuseum Berlin.

"Antike Möbel und Hauseinrichtungen."

Dr. Friedrich Dörnhöffer, Kustos des Kupferstichkabinetts der k. k. Hofbibliothek in Wien.

"Das Buch als Kunstwerk. Druck und Schmuck."

Professor Otto Eckmann, Berlin, Lehrer an der k. Kunstgewerbeschule.

"Flachornamente   und
Innendekoration."

Cornelio von Fabriczy, Stuttgart.

"Medaillen   der   italienischen
Renaissance."

Dr. Otto von Falke, Direktor des
Kunstgewerbemuseums Köln.

"Deutsches Steinzeug."

Dr. Adolf Goldschmidt, Privatdocent an der
Universität Berlin.

"Frühmittelalterliche
Elfenbeinskulpturen."

Dr. Richard Graul, Direktor des kgl. Kunstgewerbe-
Museums zu Leipzig.

"Bronze-Klein-Plastik   seit   der
Renaissance."

Dr. Peter Jessen, Direktor der Bibliothek des
Kunstgewerbemuseums zu Berlin.

"Wohnungskunst   seit   der
Renaissance."

Professor Ferdinand Luthmer, Direktor der
Kunstgewerbeschule in Frankfurt a/M.

"Deutsche Möbel der Vergangenheit."

Dr. Jean Loubier, Direktorial-Assistent an der
Bibliothek des kgl. Kunstgewerbemuseums Berlin.

"Das Buch als Kunstwerk.
Bucheinband in alter und neuer Zeit."

Wirkl. Geh. Ober-Reg.-Rat K. Lüders, Grunewald-
Berlin.

"Berliner Porzellan."

Professor Dr. Alfred G. Meyer, Dozent an der Technischen Hochschule Charlottenburg.

"Stil, Stilgeschichte und Stillehre."

Professor Dr. Erich Pernice, Direktorialassistent an der Antikenabteilung der kgl. Museen Berlin.

"Antike Gold- und Silber-Arbeiten."

Dr. Friedrich Sarre, Berlin.

"Persische Keramik."

Professor Dr. Christian Scherer, Direktorial-Assistent am herzoglichen Museum in Braunschweig.

"Elfenbeinplastik seit der Renaissance."

Dr. Julius von Schlosser, Direktor an den kunsthistorischen Sammlungen des allerhöchsten Kaiserhauses in Wien.

1. "Höfische Wohnungskunst im Mittelalter."

2. "Kunst- und Kuriositäten-Kammern seit der Renaissance."

Professor Dr. Paul Seidel, Dirigent der Kunstsammlungen des kgl. Hauses und Direktor des Hohenzollern-Museums Berlin.

"Die dekorative Kunst unter Friedrich I. von Preussen."

Professor Dr. Jean Louis Sponsel, Dresden, Dozent an der technischen Hochschule Dresden.

1. "August der Starke und das Kunstgewerbe."

2. "Deutsches Rokoko."

Dr. Richard Stettiner, Assistent am
Kunstgewerbemuseum Hamburg.

"Sèvresporzellan."

Professor Henri van de Velde, Weimar.

"Philosophie und Aesthetik des
Kunstgewerbes."

Professor Dr. Franz Wickhoff, Wien, K. K.
Universität.

1. "Der italienische Garten."

2. "Die Wohnung in den Niederlanden
und in Frankreich im 15.
Jahrhundert."

Julius Zöllner in Leipzig.

"Das Zinn in alter und neuer Zeit."

An Mitarbeitern sind ferner gewonnen worden: Direktor
Angst, Zürich, Professor Dr. Justus Brinkmann,
Hamburg, Direktor Dr. Deneken, Krefeld, Professor Dr.
Alfred Lichtwark, Hamburg u. a.

Interessenten, welche eingehendere Prospekte zugeschickt
haben wollen, werden gebeten, ihre Adresse dem Verlag
Hermann Seemann Nachfolger, Leipzig,
Goeschenstrasse 1 bekannt zu geben.

Im Verlag von HERMANN SEEMANN NACHFOLGER
in Leipzig ist erschienen:

MAX KLINGERS

BEETHOVEN

Eine kunsttechnische
Studie
von
ELSA ASENIJEFF

// Prachtwerk in Grossquart
//
mit 8 Heliogravüren
und 23 Beilagen und
Textbildern

Die Vollendung des "Beethoven" durch Meister Klinger wird als ein künstlerisches Ereignis allerersten Ranges empfunden. Fünfzehn Jahre lang trug der Leipziger Künstler den grossen Gedanken seines Werkes mit sich herum, und staunender Bewunderung voll blickt jetzt die Welt auf das erhabene Monument Beethovens. Keiner war mehr berufen, dem Heros der Musik ein Denkmal aufzurichten, als Klinger; nackt, mit ineinandergekrampften Händen, in den Schauern der Inspiration, den grüblerischen Blick in dämmernde Fernen bohrend, sitzt Beethoven auf dem mit kunstvollen Reliefs, Edelsteinen und Elfenbein reich verzierten Thron, ein Mantel von herrlichem Onyx schlingt sich über sein Knie, und zu seinen Füssen sträubt der zu ihm aufblickende Adler des Zeus seine mächtigen Flügel.

Das Werk, das im gesamten Schaffen Klingers einen Gipfel bedeutet, wird von Frau Elsa Asenijeff in einem trefflichen Text erklärt, der die zahlreichen Illustrationen — 8 Heliogravüren, 23 Beilagen und Abbildungen im Text — wirksam unterstützt, zumal Frau Asenijeff in der Lage ist, auch zu der Entstehungsgeschichte des Werkes die interessantesten Ausführungen beizubringen, insonderheit über die grosse Schwierigkeit, den Thronsessel in Bronze zu giessen, was erst in Pierre Bingens Werkstatt in Paris gelungen ist, und von Frau Asenijeff in den einzelnen Stadien ausserordentlich dramatisch erzählt wird.

Die interessanten technischen Aufschlüsse über die

Schwierigkeiten in der Beschaffung der Marmorsorten, über die Behandlung des Elfenbeins, des tirolischen Onyx, der venezianischen Glasflüsse werden mit besonderer Freude begrüsst werden.

Vor allem ist die Schilderung des Bronzegusses eine Meisterleistung, der in der modernen kunstgewerblichen Litteratur kaum etwas Gleiches an die Seite gestellt werden kann, und zu deren tiefster Würdigung man schon bis auf Cellini zurückgehen muss.

Dass das Werk in seinen verschiedenen Stadien vorgeführt wird, sowohl illustrativ als auch textlich, vom Gipsmodell bis zur vollendeten Bronze und bis zum ausgeführten Marmorbilde, das verleiht dem auch äusserlich überaus vornehm ausgestatteten Werke seine überragende Bedeutung, an der kein Kunstfreund, kein Aesthetiker, kein Sammler, überhaupt kein Kulturmensch unserer Zeit vorübergehen darf.

Verlag von Hermann Seemann Nachfolger
in Leipzig

ITALIENISCHE KUNST

Studien und Betrachtungen von
BERNHARD BERENSON

Einzig autorisierte Ausgabe
Aus dem Englischen übertragen
von

DR JULIUS ZEITLER
Preis broschiert M. 6,—, geb. M. 8,—

Berenson, ein bedeutender englischer Kunstforscher, der auch in den kunsthistorischen und ästhetischen Kreisen Deutschlands wohl bekannt ist, bietet in diesem Band über die "Italienische Kunst" eine Anzahl trefflicher Essays, in denen Gründlichkeit der Forschung mit feinem Urteil und hoher Kennerschaft gepaart ist. Die Essays behandeln Vasari, die Dante-Illustrationen, Correggio, Giorgione, Tizian, Amico di Sandro, dessen Persönlichkeit Berenson überhaupt erst festgestellt hat, und endlich eine reiche Fülle von venezianischen Gemälden, die sich in Londoner Privatbesitz befinden. Die Abbildungen derselben, die zum Teil in nur schwer zugänglichen Privatgalerien stecken, verleihen dem Buch noch einen ganz besonderen Wert.

BILDNISKUNST
UND
FLORENTINISCHES BÜRGERTUM

Bd. I: Domenico Ghirlandajo in Santa Trinitá: Die Bildnisse des Lorenzo de' Medici und seiner Angehörigen

von

DR A. WARBURG

Grossquart mit 5 Lichtdruckbeilagen und 6 Textillustrationen
Preis geb. M. 6,—

Diese Arbeit des bekannten Kunstgelehrten eröffnet eine Reihe kunstgeschichtlicher Studien, die die Wechselbeziehungen zwischen Publikum, Fürsten, Gelehrten und Künstlern durch die Zusammenstellung direkter Zeugnisse in Kunstwerken der Frührenaissance veranschaulichen wollen. Die erste kultur- und kunstgeschichtliche Spezialstudie dieses Unternehmens behandelt einige bisher unbeachtete Meisterstücke der Porträtkunst des Ghirlandajo, die darin zum ersten Male genau publiziert und auch in der Beurteilung, die sie in ihrer eigenen Zeit fanden — vor allem durch die gewichtige Stimme des Lorenzo de' Medici selbst — gewürdigt werden. Fünf vorzüglich gelungene Lichtdrucke und ebenso viel Textillustrationen bringen das interessante Problem, das der Verfasser in seinem Text aufrollt, zur wirksamsten Anschauung.

Empfehlenswerte neuere Werke aus dem Kunstverlag von HERMANN SEEMANN NACHFOLGER in LEIPZIG:

Apulejus, Amor und Psyche Ein Märchen, ins Deutsche übertragen von Prof. Dr. Norden, mit Bildern von Walter Tiemann. Geb. M. 6, —

Marie Luise Becker, Der Tanz Mit ca. 100 Beilagen und Textbildern. Br. M. 8, —, geb. M. 10, —

Joseph Bédier, Der Roman von Tristan und Isolde Mit Geleitwort von Gaston Paris, aus dem Französischen übertragen von Dr. Julius Zeitler. Textausgabe br. M. 4, —, geb. M. 5, —. Illustrierte Prachtausgabe mit ca. 150 Illustr. von Robert Engels geb. M. 18, —, Liebhaber-Ausgabe (50 numer. Exemplare) geb. M. 50, —

Hans Bélart, Nietzsches Ethik M. 2, —

Georg Biedenkapp, Kleine Geschichten und

Plaudereien philosophischen, pädagogischen und satirischen Inhalts. Br. M. 3,—

Wilhelm Bölsche, Ernst Haeckel Ein Lebensbild. Geb. M. 3,60

Fritz Burger, Gedanken über die Darmstädter Kunst (In Eckmannschrift.) Br. M. —,75

Challemel-Lacour, Studien und Betrachtungen eines Pessimisten. Autoris. Uebersetzung aus dem Franz. von M. Blaustein. Br. M. 6,—, geb. M. 7,50

Douglas Cockerell, Der Bucheinband und die Pflege des Buches Ein Handbuch für Buchbinder und Bibliothekare. Mit Zeichnungen von Noël Roobe und zahlreichen anderen Illustrationen in Lichtdruck und Aetzung. Deutsche Ausgabe von Felix Hübel. Br. M. 5,—, geb. M. 6,50

Band 1 der "Handbücher des Kunstgewerbes". Herausgegeben von W. R. Lethaby am South Kensington Museum, deutsche Ausgabe besorgt von Dr. Julius Zeitler.

Michael Georg Conrad, Von Emile Zola bis Gerhart Hauptmann Erinnerungen zur Geschichte der Moderne. Br. M. 2,50

Walter Crane, Dekorative Illustration des Buches in alter und neuer Zeit II. Auflage. Br. M. 7,50, geb. M. 9,—, Liebhaberausgabe geb. M. 12,—

Linie und Form. Br. M. 10,—, geb. M. 12,—

Grundlagen des Zeichnens. Br. 12,—, geb. M. 14,—

Walter Crane, Cobden-Sanderson, Lewis F. Day, Emery Walker, William Morris u. a. Kunst und Handwerk (Arts and Crafts Essays).

I. Die dekorativen Künste.
II. Die Buchkunst.
III. Keramik, Metallarbeiten, Gläser.
IV. Wohnungsausstattung.
V. Gewebe und Stickereien.

Jeder Band br. M. 2,—

Herman Frank, Das Abendland und das Morgenland. Eine Zwischenreich-Betrachtung. M. 2,50

Dr. Sigismund Friedmann, Ludwig Anzengruber. Br. M. 5,—, geb. M. 6,50

Das deutsche Drama des neunzehnten Jahrhunderts in seinen Hauptvertretern. I. Band br. M. 5,—, geb. M. 7,—

Otto Grautoff, Die Entwicklung der modernen Buchkunst in Deutschland Br. M. 7,50, geb. M. 9,—

Wilh. Hauff, Zwerg Nase Märchen mit Bildern von Walter Tiemann. Geb. M. 4,—

Felix Hübel>, In einer Winternacht Eine Gespenstergeschichte. Br. M. 2,—, geb. M. 3,—

Und hätte der Liebe nicht! Roman. Br. M. 4, —, geb. M. 5,—

Dr. Hans Landsberg, Friedrich Nietzsche und die deutsche Litteratur. Br. M. 2,50

Otto Ludwig, Die Heiterethei Erzählung aus dem Thüringer Volksleben. Mit Illustr. von Ernst

Liebermann. Geb. M. 6,—

Paul Moos, Moderne Musikästhetik in Deutschland. Br. M. 10,—, geb. M. 12,—

William Morris, Kunsthoffnungen und Kunstsorgen (Hopes and Fears for Art).

I. Die niederen Künste.
II. Die Kunst des Volkes.
III. Die Schönheit des Lebens.
IV. Wie wir aus dem Bestehenden das Beste machen können.
V. Die Aussichten der Architektur in der Civilisation.

Jeder Band br. M. 2,—

Neues aus Nirgendland. Utopischer Roman. Br. M. 6,—, geb. M. 7,50

Kunstgewerbliches Sendschreiben. M. 2, —

Kunst und die Schönheit der Erde. M. 2, —

Joseph Pennell, Moderne Illustration. Br. M. 7,50, geb. M. 9,—

Dr. Heinrich Pudor, Laokoon. Aesthetische Studien. Br. M. 6,—, geb. M. 7,50

Die neue Erziehung. Essays über die Erziehung zur Kunst und zum Leben. Br. M. 4,—, geb. M. 5,50

Eduard Platzhoff, Ernest Renan. Ein Lebensbild. Geb. M. 3,60

Dr. Robert Riemann, Goethes Romantechnik Br. M. 6,—, geb. M. 7,50

Richard Schaukal, Pierrot und Colombine Mit Buchschmuck von Vogeler-Worpswede. M. 3,—

Das Buch der Tage und Träume. Verbesserte und durch neue Gedichte vermehrte II. Auflage mit dem Bild des Autors. Mit Titelzeichnung von Heinrich Vogeler. M. 3,50

Dr. Heinr. v. Schoeler, Fremdes Glück Eine venetianische Novelle. Br. M. 2,50

Ernst Schur, Vom Sinn und von der Schönheit der japanischen Kunst M. 2,—

Grundzüge und Ideen zur Ausstattung des Buches. M. 4,—

Paraphrasen über das Werk Melchior Lechters. M. 2,—

Gedanken über Tolstoi. M. 2,—

Das Buch der dreizehn Erzählungen. M. 3,—

Dichtungen und Gesänge. M. 3,—

Dr. Jean Louis Sponsel, Kabinettstücke der Meissner Porzellanmanufaktur von Johann Joachim Kändler. Prachtwerk in 4° Format mit zahlreichen Beilagen und Textbildern. Br. M. 30,—, geb. in eleg. Liebhabereinband M. 32,50

Die Abteikirche zu Amorbach, ein Prachtwerk deutscher Rokokokunst. Mit 3 Textbildern und 40 Lichtdrucktafeln. Fol. In Mappe M. 50,—

Prof. Dr. Wilh. Stieda, Ilmenau und Stützerbach. Eine Erinnerung an die Goethezeit. Br. M. 2,—, geb. M. 3,—

Dr. Thiele, Hinauf zur bildenden Kunst Laiengedanken. Brosch. M. 1,—

Wilhelm Uhde, Vor den Pforten des Lebens. Aus den Papieren eines Dreissigjährigen. Br. M. 3,—

Dr. Julius Vogel, Goethes Leipziger Studentenjahre. Ein Bilderbuch zu "Dichtung und Wahrheit". 2. Ausgabe. Elegant geb. M. 4,—.

Böcklins Toteninsel und Frühlings-Hymne. 2 Gemälde Böcklins im Leipziger Museum mit 7 Illustrationen, darunter 5 Darstellungen der "Toteninsel" M. 1,—. In feinem Liebh.-Band mit Pergamentrücken geb. M. 2,50

John Jack Vrieslander, Variété. 12 Kunstblätter auf Japankarton in eleganter Mappe M. 6,—

Prof. Dr. Gustav Wustmann, Der Wirt von Auerbachs Keller. Dr. Heinrich Stromer von Auerbach. 1476–1542. M. 1,—

Dr. Ludwig Wüllner, Byrons Manfred Liebhaber-Ausgabe mit Buchschmuck von Walter Tiemann. M. 4,—

Dr. Julius Zeitler, Nietzsches Aesthetik Br. M. 3,—, geb. M. 4,—

Die Kunstphilosophie von Hippolyte Adolphe Taine. Br. M. 6,—, geb. M. 7,—

Zu beziehen durch alle Buchhandlungen des In- und Auslandes.

www.ingramcontent.com/pod-product-compliance
Lightning Source LLC
Chambersburg PA
CBHW021507210326
41599CB00012B/1162